WERKSTATTBÜCHER

FÜR BETRIEBSBEAMTE, KONSTRUKTEURE UND FACHARBEITER
HERAUSGEGEBEN VON DR.-ING. H. HAAKE, HAMBURG

Jedes Heft 50 — 70 Seiten stark, mit zahlreichen Textabbildungen

---

Die Werkstattbücher behandeln das Gesamtgebiet der Werkstattstechnik in kurzen selbständigen Einzeldarstellungen; anerkannte Fachleute und tüchtige Praktiker bieten hier das Beste aus ihrem Arbeitsfeld, um ihre Fachgenossen schnell und gründlich in die Betriebspraxis einzuführen.

Die Werkstattbücher stehen wissenschaftlich und betriebstechnisch auf der Höhe, sind dabei aber im besten Sinne gemeinverständlich, so daß alle im Betrieb und auch im Büro Tätigen, vom vorwärtsstrebenden Facharbeiter bis zum leitenden Ingenieur, Nutzen aus ihnen ziehen können.

Indem die Sammlung so den Einzelnen zu fördern sucht, wird sie dem Betrieb als Ganzem nutzen und damit auch der deutschen technischen Arbeit im Wettbewerb der Völker.

Einteilung der bisher erschienenen Hefte nach Fachgebieten

I. Werkstoffe, Hilfsstoffe, Hilfsverfahren

II. Spangebende Formung

(Fortsetzung 3. Umschlagseite)

WERKSTATTBÜCHER

FÜR BETRIEBSBEAMTE, KONSTRUKTEURE UND FACH-
ARBEITER. HERAUSGEBER DR.-ING. H. HAAKE, HAMBURG

HEFT 13

Die neueren Schweißverfahren

mit besonderer Berücksichtigung
der Gasschweißtechnik

Von

Professor Dr.-Ing. Paul Schimpke

Chemnitz

Siebente Auflage
(37. bis 42. Tausend)

Mit 77 Abbildungen
und 4 Tabellen im Text

Springer-Verlag Berlin Heidelberg GmbH

Inhaltsverzeichnis.

Zeichen und Abkürzungen.

^{0} = Grad Celsius	m = Meter	kg/mm² = Kilogramm	A = Ampere
at = Atmosphäre	m³ = Kubikmeter	auf 1 Quadrat-	kW = Kilowatt
s = Sekunde	l = Liter	millimeter	kWh = Kilowattstunde
min = Minute	kg = Kilogramm	t = Tonne	% = Prozent (vom
mm = Millimeter		V = Volt	Hundert)

C = Kohlenstoff, Si = Silizium, Mn = Mangan, P = Phosphor, S = Schwefel, H = Wasserstoff, CO = Kohlenoxyd, CO_2 = Kohlensäure, N = Stickstoff.

ISBN 978-3-662-01498-1   ISBN 978-3-662-01497-4 (eBook)
DOI 10.1007/978-3-662-01497-4

I. Einleitung[1].

Begriff des Schweißens. Man versteht unter Schweißen eine Zusammenfügung zweier ähnlich zusammengesetzter Stoffteile derart, daß die Verbindungsstelle mit den beiderseits benachbarten Teilen ein möglichst gleichartiges Ganzes bildet. Man unterscheidet in der Hauptsache zwischen Preßschweißung, bei der die beiden Stoffteile unter Anwendung von Druck in teigigem Zustande zusammengefügt werden, und Schmelzschweißung, bei der sie in flüssigem Zustande der Schweißstelle, im allgemeinen ohne Druck, mit oder ohne Hinzufügung neuen Werkstoffs, vereinigt werden.

Arten der Schweißverfahren. Unter Benutzung vorstehender Begriffsbestimmung kann man die Schweißverfahren einteilen in:

1. Preßschweißung (Druckschweißung, teigiger Zustand des Werkstoffs);
    a) Hammerschweißung (als Koksfeuer- oder Wassergasschweißung);
    b) elektrische Widerstandsschweißung;
    c) Thermitpreßschweißung;
2. Schmelzschweißung (flüssiger Zustand des Werkstoffs);
    a) Gasschmelzschweißung (autogene Schweißung);
    b) Elektroschweißung (elektrische Lichtbogenschweißung);
    c) Thermitgießschweißung und Gußeisenschweißung nach dem Gießverfahren.

Die schweißbaren Metalle. Das weitaus wichtigste schweißbare Metall ist das Eisen. Es wird unterteilt in Roheisen (mit $3 \cdots 4\%$ C) und in Stahl (mit $0{,}03 \cdots 1{,}6\%$ C). Roheisen kommt für Schweißungen nicht in Frage, dagegen wohl Gußeisen (aus Roheisen durch Umschmelzen im Kupolofen erhalten). Der Stahl wird eingeteilt in Schweißstahl und Flußstahl, je nachdem er in teigigem oder in flüssigem Zustande hergestellt worden ist. Weicher Stahl (Schmiedeeisen) mit $0{,}03 \cdots 0{,}3\%$ C ist am besten schweißbar. Stahlguß ist in Gußformen gegossener Stahl mit $0{,}1 \cdots 1{,}0\%$ C. Temperguß ist Guß aus weißem Roheisen, der durch ein bestimmtes Glühverfahren mehr oder weniger entkohlt wurde. Er ist unter Beobachtung gewisser Vorsichtsmaßregeln schweißbar. Von den Nichteisenmetallen sind schweißbar: Kupfer, Nickel, Aluminium, Blei, Zink, Silber, Gold, Platin. Von Legierungen kommen bisher praktisch für Schweißungen in Betracht: Messing, Bronze, Rotguß, die Aluminium- und Magnesiumlegierungen und Monelmetall.

Die spezifischen Gewichte (die Wichten) und die Schmelzpunkte der wichtigsten schweißbaren Metalle sind in Tabelle 1 angegeben. Außerdem ist noch

Tabelle 1.

Metall	Spezifisches Gewicht	Schmelzpunkt °	Metall	Spezifisches Gewicht	Schmelzpunkt °
Weicher Stahl . . .	7,85	1500	Kupfer	8,9	1083
Harter Stahl . . .	7,8	1400	Aluminium . . .	2,7	658
Gußeisen	7,25	1200	Zink	7,1	419
Platin	21,4	1764	Blei	11,3	327
Gold	19,3	1063	Zinn	7,3	232
Silber	10,5	961	(Messing)	8,5	900

[1] Die erste Auflage dieses Heftes erschien 1922, die zweite 1926, die dritte 1932, die vierte 1940, die fünfte und sechste 1943.

auf einige für das Schweißen wesentliche Eigenschaften der Metalle und Legierungen hinzuweisen. Stahl enthält neben dem Kohlenstoff noch wechselnde Mengen von Mangan (unter 1%), Silizium (unter 0,5%), Phosphor (unter 0,1%) und Schwefel (unter 0,1%). Stahl mit mehr als 0,1% P ist kaltbrüchig, solcher mit mehr als 0,1% S ist warmbrüchig. Nach den Herstellungsverfahren unterscheidet man zwischen Bessemer-, Thomas-, Siemens-Martin-, Tiegel- und Elektrostahl. Aus den letzten beiden Sorten erhält man durch Zusatz von Chrom, Nickel, Wolfram usw. die legierten oder Sonderstähle. Gußeisen enthält neben $3 \cdots 4\%$ C noch $1 \cdots 3\%$ Si, $0,5 \cdots 1\%$ Mn, $0,1 \cdots 1,25\%$ P und möglichst unter 0,1% S. Phosphor macht das Gußeisen dünnflüssig, Schwefel dickflüssig. In den deutschen Werkstoffnormen DIN 1611, 1612, 1661 $\cdots$ 1665, 1681 und 1691 sind nähere Angaben über die Eigenschaften der wichtigsten Eisensorten gemacht.

Kupfer kommt nach DIN 1708 als Hütten- oder Elektrolytkupfer in den Handel, hat eine hohe Wärmeleitfähigkeit und große Verwandtschaft zum Sauerstoff (Anwendung von Schweißpulver!). Messing ist eine Legierung von $58 \cdots 67\%$ Cu, Rest Zn (Näheres s. DIN 1709); Bronze hat $80 \cdots 94\%$ Cu, Rest Sn (DIN 1705) und Rotguß (Maschinenbronze) $82 \cdots 93\%$ Cu, $4 \cdots 10\%$ Sn und $3 \cdots 6\%$ Zn, manchmal auch etwas Blei (s. auch DIN 1705). Aluminium kommt nach DIN 1712 als Reinaluminium H und Reinaluminium U (umgeschmolzen) in den Handel, hat eine hohe Wärmeleitfähigkeit und besonders hohe Verwandtschaft zum Sauerstoff. Die beim Schweißen sich bildende Oxydhaut (aus Aluminiumoxyd, Tonerde, mit dem hohen Schmelzpunkt von 2050°) ist nur durch geeignete Schweißpulver zu beseitigen. Die Aluminiumlegierungen sind in DIN E 1725 genormt. Sie sind zum Teil aushärtbar (vergütbar, ähnlich der Stahlhärtung). Die Magnesiumlegierungen — Reinmagnesium ist noch wenig in Gebrauch — sind in DIN E 1729 genormt und kommen hauptsächlich unter den Bezeichnungen Elektron und Magnewin in den Handel. Monelmetall ist eine Legierung aus 67% Nickel, 28% Kupfer und 5% Mangan und Eisen, sehr witterungsbeständig und bearbeitbar wie Kupfer.

Schweißpulver (Schweißmittel, Flußmittel). Die zusammenzuschweißenden Metalloberflächen müssen rein sein, ihre Oxydation (d. h. ihre Verbindung mit dem Sauerstoff der Luft) muß verhindert oder unschädlich gemacht werden. Das erreicht man durch Benutzung von Schweißpulvern, die sich mit dem gebildeten Metalloxyd (d. h. der Metall-Sauerstoff-Verbindung) verbinden und eine flüssige, ausquetschbare Schlacke bilden. Die einfachsten Schweißpulver sind Sand, Borax, gelbes und rotes Blutlaugensalz, Kolophonium. Sie werden oft mit Eisenfeilspänen oder Draht gemischt. Für Kupfer, Aluminium usw. benutzt man Schweißpulver von bestimmter Zusammensetzung, die im Abschnitt „Schweißen der Nichteisenmetalle" angegeben sind. Schweißstahl braucht wenig oder gar kein Schweißpulver, da sein Schlackengehalt bereits dieselbe Wirkung ausübt.

Ganz verhindern kann man die Oxydation der Metalloberflächen durch Anwendung einer reduzierenden (d. h. Sauerstoff entziehenden) Flamme beim Erhitzen der Schweißstücke. Wenn man z. B. bei der Wassergasschweißung oder Gasschmelzschweißung dem brennbaren Gas (Wasserstoff, Azetylen usw.) weniger Sauerstoff zuführt, als zur vollständigen Verbrennung notwendig ist, so hat das Brenngas das Bestreben, den Sauerstoff der Luft, der sonst die Oxydbildung herbeiführen würde, an sich zu ziehen. In diesem Fall ist ein Schweißpulver überflüssig; es wird höchstens noch als Vorsichtsmaßregel benutzt. Kupfer, Messing, Aluminium usw. erfordern wegen ihrer großen Verwandtschaft zum Sauerstoff auf jeden Fall Schweißpulver.

Koksfeuerschweißungen finden noch immer Anwendung bei Schmiedearbeiten[1] und bei der Herstellung stumpf und überlappt geschweißter Röhren. Die Blechschweißung, auf die ein Hauptteil aller Feuerschweißarbeiten entfällt, wird entweder stumpf oder überlappt oder als Keilschweißung vorgenommen. Kleine Schmiedestücke werden im Schmiedefeuer, größere in Schweißöfen auf Schweißhitze gebracht. Zusammengeschweißt wird mit dem Handhammer, dem Dampfhammer oder der Wasserdruckpresse.

Gußeisenschweißung nach dem Gießverfahren. In Graugießereien wird das Anschweißen bei Gußstücken durch Angießen meistens noch als das zweckmäßigste Ausbesserungsverfahren betrachtet. An Hand des bekannten Beispiels: Anschweißen eines Walzenzapfens (Abb. 1) sei das Wichtigste zusammengefaßt. Das Gußstück ist an der Bruchstelle von Rost und Verunreinigungen zu befreien und mit Koks oder besser mit Holzkohle anzuwärmen. Nach dem Aufsetzen der Form

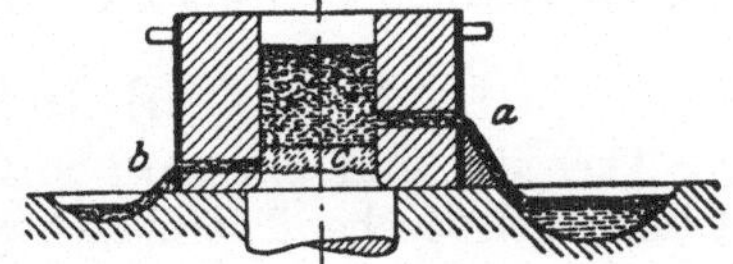

Abb. 1. Anschweißen eines Walzenzapfens

wird hocherhitztes Eisen aufgegossen, das zunächst bei *a* abfließt. Durch *b* wird Eisen abfließen, sobald die obere Schicht *c* des Zapfenbruchstücks flüssig geworden ist. Nunmehr kann man die Löcher *a* und *b* zustopfen und die Form vollgießen. Das geschweißte Stück soll schließlich ganz allmählich erkalten.

II. Die neueren Schweißverfahren und ihre Schweißeinrichtungen.

A. Die Wassergasschweißung.

Erzeugung von Wassergas. Wenn man durch einen schachtartigen, mit glühenden Kohlen gefüllten Gaserzeuger (Generator) Wasserdampf hindurchbläst, so wird der Wasserdampf zerlegt, und es entsteht Wassergas von der Zusammensetzung: $49 \cdots 50\%$ H, $39 \cdots 44\%$ CO, $3 \cdots 6\%$ CO$_2$, $3 \cdots 6\%$ N; der Heizwert des Gases, d. h. die bei seiner vollständigen Verbrennung erzeugte Wärmemenge, beträgt etwa 2600 kcal auf 1 m³. Infolge des Wärmeverbrauchs beim Zersetzen des Wasserdampfs muß man nach $5 \cdots 7$ min mit der Wassergaserzeugung aufhören und $1 \cdots 2$ min lang durch Luftzuführung die Kohlen wieder auf Weißglut erhitzen.

Schweißeinrichtungen. Die Wassergasschweißung hat sich seit Ende der 90er Jahre für die Schweißung größerer Röhren und Blechkörper eingeführt. Sie hat dabei gleichzeitig zur Ausbildung von Schweißmaschinen beigetragen. Abb. 2 zeigt zunächst zwei Brenner, einen außen und einen innen am Blech, die eine Blechlänge von 100 bis 300 mm erwärmen. Wassergas und etwa die $2^1/_2$-fache Luftmenge werden unter Druck und

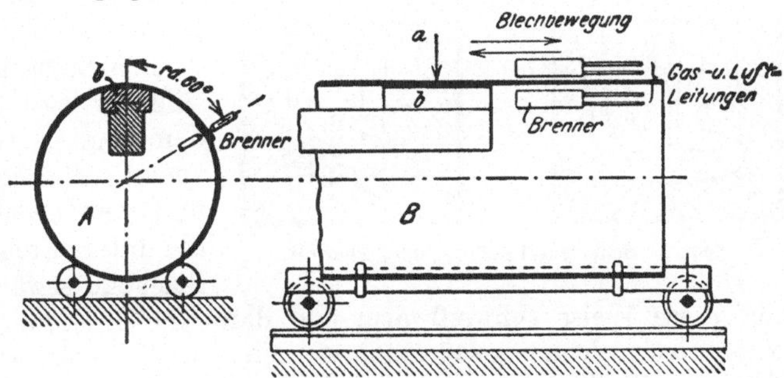

Abb. 2. Grundform einer Wassergas-Schweißstraße.

getrennt den Brennern zugeführt, in diesen gemischt, wobei die stärker verdichtete Luft das Gas mitreißt, und verbrennen beim Austritt aus einem Düsenschlitz

---

[1] Vgl. die Hefte 11 und 12: Die Freiformschmiede I und II.

unter Bildung einer Stichflamme von über 1800°, die reduzierend wirkt. Das erwärmte Blech wird alsdann bei *a* auf dem Amboß *b* durch Hand- oder Maschinenhämmer geschweißt. Das Rohr wird jedesmal auf Rollen um 60° gedreht, wenn die Brenner in Höhe der Schweißstelle seitlich sitzen (Abb. 2, *A*), oder auf einem Wagen verschoben, wenn die Brenner rechts vom Amboß angebracht sind (Abb. 2, *B*). Schweißmittel brauchen infolge der reduzierenden Flamme nicht benutzt zu werden. Die Vorteile gegenüber der Koksschweißung sind: Schnelleres Arbeiten, günstigeres Erwärmen des Blechs (von zwei Seiten), reduzierende Flamme. Außerdem kann man mit dem Krafthammer bis zu 100 mm dicke Bleche zusammenschweißen.

B. Die Thermitschweißung.

Thermit. Auf ein ganz anderes Gebiet führt uns die 1899 aufgekommene GOLDSCHMIDTsche Thermitschweißung. Thermit ist ein Gemisch von Eisenoxyd und Aluminium, beides in Pulverform, das sich erst bei 1200° (infolgedessen im allgemeinen nur mit Hilfe eines Entzündungsgemisches, Bariumsuperoxyd und Aluminiumpulver) zerlegen läßt. Unter großer Wärmeentwicklung bildet sich bei einer Temperatur von etwa 3000° flüssiger weicher Stahl (von der durchschnittlichen Zusammensetzung: 0,1 % C, 0,09 % Si, 0,08 % Mn, 0,04 % P, 0,03 % S) und flüssige Schlacke (künstlicher Korund). 1 kg Thermit ergibt $1/_2$ kg Eisen und $1/_2$ kg Schlacke. Um einer Entmischung vorzubeugen, wird Thermit in kleinen Säckchen von 5 und 10 kg Gewicht geliefert.

Gießtiegel. Thermit wird in Sonder- oder in Spitztiegeln entzündet. Sondertiegel sind einfache Blechtiegel (in fünf Größen für 1,5···20 kg Füllung), mit Magnesit ausgekleidet. Der später eingeführte Spitztiegel, auch Abstichtiegel genannt, hat zwölf Größen für 2,5···350 kg Thermit. Nach Anzünden der Entzündungsmasse setzt man die Blechkappe auf. Die Zersetzung dauert nur 10···20 s, dann kann mit der Abstichstange ein Stift hochgestoßen und so die Bodenöffnung frei gemacht werden. Zuerst fließt Thermiteisen, dann Schlacke aus (beim Sondertiegel zuerst die Schlacke!). Nach etwa 20 Güssen muß die Tiegelauskleidung erneuert werden.

Das Thermitverfahren wird hauptsächlich für die Straßenbahnschienenschweißung und für Ausbesserungsschweißungen benutzt; es ist entweder eine Preß- oder eine Gießschweißung oder eine vereinigte Preß- und Gießschweißung.

Schienenschweißung. Abb. 3 gibt ein Bild der jetzt üblichen Schweißung nach dem sog. „vereinigten Verfahren". Das zuerst einfließende Thermiteisen umhüllt und verschweißt die Schienenfüße und die untere Steghälfte. Die nachfließende Schlacke erwärmt die Schienenköpfe, die

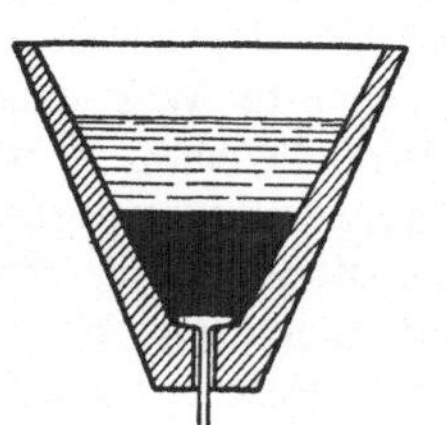

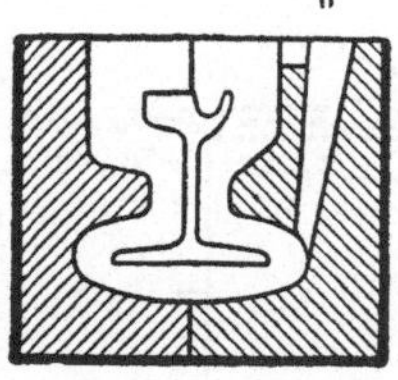

Abb. 3. Schienenschweißung mit Thermit.

auf diese Weise schweißwarm und dann durch Zusammenpressen mittels einer Klemmvorrichtung geschweißt werden. Die Schlacke wird nachher abgeschlagen. Als vorteilhaft erwiesen hat sich das Einlegen und Festschweißen eines Blechs in die Stoßlücke des Schienenkopfs. Ferner hat man eine Vorwärmung der Schweißstelle in der Weise eingeführt, daß Benzin aus einem kleinen Kessel mittels Handpumpe in einen durch Holzkohle erhitzten Vergaser gedrückt wird und dann durch eine Düse unter Mitreißen der nötigen Verbrennungsluft in die

Form strömt, wo das Gemisch entzündet wird. Die Vorwärmung gestattet eine Verkleinerung der Menge an Thermit auf 60···65% der bisherigen und erhöht die Güte der Schweißung. Eine Schweißkolonne stellt in 8 Stunden etwa 10 Thermitstöße her.

C. Die elektrische Schweißung[1].

Einteilung. Man unterscheidet zwei große Gruppen von elektrischen Schweißverfahren: die Lichtbogen- und die Widerstandsschweißverfahren. Bei den Lichtbogenverfahren wird der zwischen zwei etwas voneinander entfernt stehenden Elektroden (z. B. Kohlestiften) beim Hindurchschicken eines elektrischen Stroms entstehende Lichtbogen zur Erzeugung der Schweißhitze benutzt. Da der Lichtbogen eine Temperatur von etwa 3500° hat, so wird der zu schweißende Werkstoff sofort dünnflüssig. Bei den Widerstandsverfahren wird die Eigenschaft des elektrischen Stroms ausgenutzt, daß er den stromleitenden Körper an Stellen, die größeren Widerstand bieten (den Schweißstellen), stark erwärmt. Die erzeugte Wärmemenge ist nach dem Gesetz von JOULE: $Q = J^2 \cdot R \cdot t$ (J = Stromstärke, R = Widerstand, t = Zeit). Hieraus folgt, daß man zur Erzeugung großer Wärmemengen zweckmäßig mit Strom von hoher Stromstärke arbeitet, und diesen kann man wiederum sehr einfach aus dem Wechselstrom eines Hauptstromnetzes mittels eines Umspanners erhalten.

1. Die Lichtbogenschweißung[2].

Man schweißt mit dem Lichtbogen mit Hilfe von Kohle- oder Metallelektroden bei einer Schweißspannung von 16···35 V, verwendet aus technischen und wirtschaftlichen Gründen besondere Schweißumformer bzw. Schweißumspanner und schweißt sowohl mit Gleichstrom wie mit Wechselstrom.

Hauptarten der Lichtbogenschweißung. Die erste brauchbare, auch heute noch benutzte Lichtbogenschweißeinrichtung bauten N. v. BENARDOS und ST. OLSZEWSKI in Petersburg (DRP. Nr. 38011) 1885. In Abb. 4 wird durch Hochheben der Kohleelektrode K um etwa 20 mm zwischen ihr und dem Arbeitsstück B der Lichtbogen gezogen. Dabei schmilzt man einen besonderen Schweißdraht, aus möglichst demselben Werkstoff wie das Schweißstück, mit ein. — Bei dem zweiten Verfahren, von SLAVIANOFF (1891), tritt nur an die Stelle der Kohleelektrode eine Metallelektrode (von demselben Stoff wie das Werkstück). Der Durchmesser der Elektrode beträgt 2···6 mm bei Stahlblech- und 10···20 mm bei

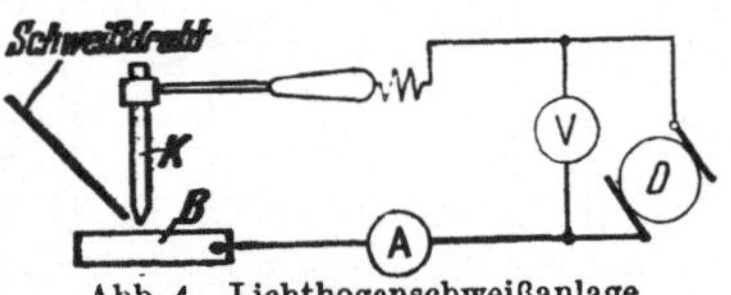

Abb. 4. Lichtbogenschweißanlage.
(Nach BENARDOS oder SLAVIANOFF.)

Gußschweißungen. Alle sonstigen Einrichtungen der Abb. 4 bleiben bestehen. — Das dritte Lichtbogenschweißverfahren, DR. ZERENER, Berlin, 1891 patentiert, arbeitet mit einem zwischen 2 Kohleelektroden entstehenden Lichtbogen. Dieser wird durch die Wirkung des Elektromagneten senkrecht nach unten abgelenkt und ergibt eine das Arbeitsstück erhitzende, kräftige Stichflamme.

Das Zerener-Verfahren wird wegen der schwerfälligen Handhabung nur wenig benutzt. Weitaus am verbreitetsten ist das von SLAVIANOFF infolge der Handlichkeit der Einrichtung und der Möglichkeit, große Schweißgeschwindigkeiten zu erzielen.

Gleichstromschweißumformer. Das Schweißen vom Netz mit Hilfe von Vorschaltwiderständen ist sehr unwirtschaftlich. Wenn man z. B. die

---

[1] Näheres s. SCHIMPKE-HORN: Praktisches Handbuch der neueren Schweißverfahren, Bd. II, Elektrische Schweißtechnik, 4. Aufl. Berlin: Springer 1945.
[2] Vgl. Heft 43: Lichtbogenschweißen.

Spannung von 110 V auf 20 V herabdrosseln muß, so macht man nur $100 \cdot 20/110 = 18,2\%$ der in den Schweißstromkreis hineingegebenen elektrischen Leistung nutzbar; man hat also nur einen Wirkungsgrad von 18,2% (bei höherer Netzspannung einen noch geringeren, z. B. bei 220 V nur 9,1%). Demgegenüber erreicht man mit Gleichstrom- und Wechselstrom-Schweißumformern Wirkungsgrade von 30···80%.

Ein Schweißumformer muß in der Hauptsache folgenden Bedingungen genügen: 1. Den Kurzschlußstrom bei Berührung der Elektrode auf ein zulässiges Maß begrenzen; 2. Spannung und Stromstärke den Veränderungen, die sich durch die schwankende Lichtbogenlänge ergeben, anpassen; 3. Spannung und Stromstärke je nach den Betriebsverhältnissen innerhalb gewisser Grenzen regeln.

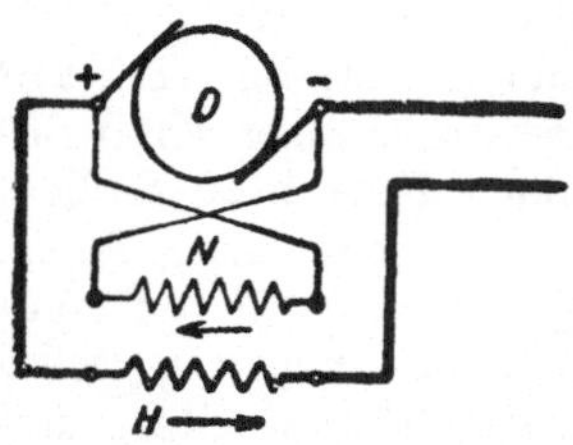

Abb. 5. Schaltung eines Schweißumformers mit Gegenverbundwicklung.

Ein Mittel, mit steigender Stromstärke die Spannung sinken zu lassen, besteht in der Art der Wicklung der Magnetpole. Zunächst ist hervorzuheben, daß diese Wicklungen vom Anker des Umformers selbst mit Strom versorgt werden können (Selbsterregung), oder daß sie von einer fremden Stromquelle gespeist werden (Fremderregung). Beides ist bei Schweißumformern ausgeführt worden. Bei Selbsterregung hat man gewöhnlich eine Nebenschlußwicklung, wie sie Abb. 5 bei N wiedergibt, d. h. die Magnetpolwicklungen liegen in einem Nebenschlußstromkreis und sind fast unabhängig vom Hauptstromkreis. Legt man nun eine zweite Wicklung H mit entgegengesetztem Stromdurchgang über die erste Wicklung und schaltet diese Wicklung in den äußeren Stromkreis ein (also Hauptstromwicklung), so wird das Magnetfeld der Wicklung H mit wachsender Stromstärke im äußeren Stromkreis

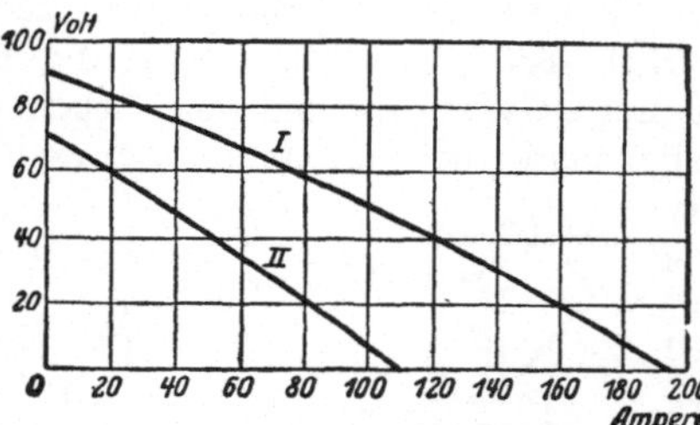

Abb. 6. Kennlinien eines Schweißumformers.

(dem Schweißstromkreis) das Magnetfeld der Wicklung N schwächen und so die Spannung herabdrücken. Man spricht bei dieser Schaltung von einer Gegenhauptstromwicklung oder Gegenverbundwicklung. Ist die Nebenschlußwicklung nicht selbsterregt, sondern fremderregt, so hat das den Vorteil, daß der Generator bei Kurzschlußstrom (Spannung gleich Null) schnellstens wieder Spannung erhält; bei Selbsterregung arbeitet die Maschine träger, die Spannung kommt nach Kurzschluß erst in einer gewissen Zeit wieder hoch. Abb. 6 zeigt sodann die Kennlinien eines Schweißumformers, der mit Fremderregung und Gegenverbundwicklung arbeitet, und zwar bei zwei Regelstellungen (meist sind eine ganze Anzahl Regelstellungen möglich). Bei Regelstellung I hat der Generator 90 V Leerlaufspannung (bei Stellung II: 70 V) und gibt bei z. B. 20 V Schweißspannung eine Stromstärke von 160 A (bei Stellung II: 80 A).

Wechselstromschweißumspanner. Die Bedingungen, die an den Schweißumspanner zu stellen sind, sind dieselben wie beim Gleichstromumformer.

Abb. 7 gibt als kennzeichnendes Beispiel einen Schweißumspanner mit Streuungsreglung wieder, der zwischen zwei Leitungen des Drehstromnetzes gelegt (einphasig angeschlossen) ist. Der Strom von der üblichen Netzspannung durchfließt die Primärspule P und erzeugt in der Sekundärspule S den Schweißstrom. Die Spannung wird durch ein Handrad H geregelt, das die Spule P bewegt. Je weiter P nach links verschoben wird, um so größer wird die Streuung, weil dann nur noch wenige der von P ausgehenden Kraftlinien die Spule S treffen. Dem Nachteil des einphasigen Anschlusses an das Netz (einseitige Netzbelastung) hat man teilweise durch besondere Schaltungen zu begegnen gesucht. Der Vorteil der Wechselstromschweißung liegt in den geringeren Anschaffungskosten des Umspanners (im Mittel etwa $^2/_5$ derjenigen des Gleichstromumformers) und in einem höheren Wirkungsgrad. Dagegen sind teurere Elektroden (s. Absatz „Elektroden") erforderlich.

Schweißgleichrichter verwandeln Drehstrom ohne Zwischenschaltung eines Umformers in Gleichstrom. Sie bestehen aus einem Umspanner, der den hochgespannten Drehstrom in niedriggespannten umspannt, und aus dem eigentlichen Gleichrichter,

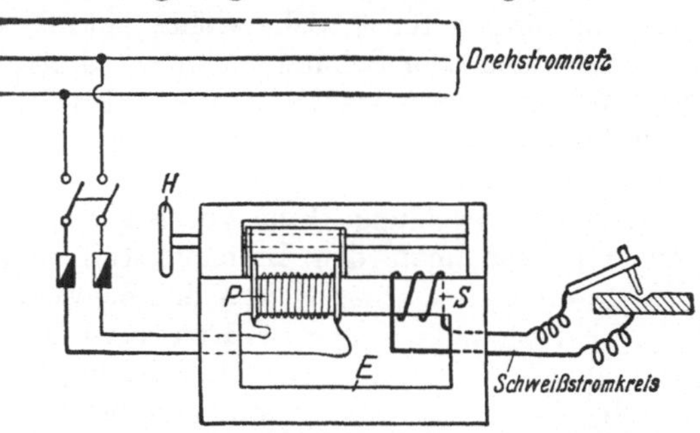

Abb. 7. Grundform eines Wechselstrom-Schweißumspanners.
E = Eisenkern; H = Handrad; P = Primärspule; S = Sekundärspule.

der als ein elektrisches Rückschlagventil anzusehen ist, das den Stromdurchgang nur nach einer Richtung hin gestattet. Quecksilbergleichrichter sind für den Schweißbetrieb nicht geeignet. Man nimmt zweckmäßig Trockengleichrichter, die entweder mit Glühkathodenröhren oder mit Gleichrichtermetallplatten betrieben werden.

Selbsttätige Schweißmaschinen. Für Massenerzeugung hat man Maschinen gebaut, bei denen man den Schweißstab selbsttätig zuführt und ihn in einem Schweißkopf ebenfalls selbsttätig über das Arbeitsstück hinbewegt oder das Arbeitsstück an ihm vorbeibewegt. Hierdurch wird schneller und gleichmäßiger geschweißt. Anwendung z. B. bei der Blechschweißung, bei der Spurkranzaufschweißung von Eisenbahnrädern, bei der Faßschweißung (im letzteren Fall mit dem Kohlelichtbogen). Sämtliche Einrichtungen arbeiten mit Gleichstrom. Neuere Sonderbauarten betreffen das Elin-Hafergut-Verfahren, bei dem ummantelte Elektroden selbsttätig ohne mechanische Einrichtungen abgeschmolzen werden, und das Ellira-Verfahren, bei dem vor der Drahtelektrode durch ein Zuführungsrohr Schweißpulver in großen Mengen aufgebracht und mit hohen Stromstärken und großer Schweißgeschwindigkeit, übrigens in diesem Fall mit Wechselstrom, gearbeitet wird.

Elektroden. Die Kohleelektrode für das Schweißen nach BENARDOS besteht aus Retortenkohle oder Graphit, Koks usw., hat meistens $15\cdots25$ mm Durchmesser und $300\cdots800$ mm Länge.

Die Metallelektroden sind entweder aus weichem Flußstahl ($2\cdots6$ mm Durchmesser, $300\cdots400$ mm Länge) oder aus Gußeisen ($10\cdots20$ mm Durchmesser, $400\cdots800$ mm lang).

Bei der Gleichstromschweißung kann man in der großen Mehrzahl der Fälle mit nackten (d. h. nichtumhüllten) Elektroden schweißen; bei der Wechselstromschweißung sind umhüllte (ummantelte) Elektroden angebracht. Die Umhüllung besteht meistens aus einer in Pastenform auf die Elektrode gestrichenen Masse aus Alkalisilikaten oder Ferrosilizium, denen Borverbindungen usw. zugesetzt sind; sie soll das abtropfende Metall beim Durchgang durch den Lichtbogen mit einer schützenden Gashülle umgeben oder es nach dem Niederschmelzen mit einer Deckschicht von Schlacke überziehen. Man verwendet auch Legierungsmittel in einer Umhüllungsschnur oder benutzt „Seelendrähte" mit metallischem oder nichtmetallischem Kern, um der Schweißnaht hierdurch verbesserte Festigkeitseigenschaften zu geben. Die Lieferbedingungen für Stahlelektroden sind in DIN Vornorm 1913 zusammengefaßt.

Zubehör. Die Elektroden werden in Elektrodenhaltern, möglichst leicht auswechselbar, geführt. Sehr wichtig sind Gesichtsschutzmittel (in Form von Schutzschilden oder Schutzkappen mit dunkelfarbigen Gläsern) gegen die schädliche Wirkung der ultravioletten Strahlen des Lichtbogens. Bei Gußeisen-Warmschweißungen sind Asbesthandschuhe und ein Leder- oder Asbestschurz zu empfehlen.

Arcatomschweißung. Eine Verbesserung der Lichtbogenschweißnaht läßt sich erzielen, wenn man den Luftsauerstoff und Stickstoff vom Lichtbogen bzw.

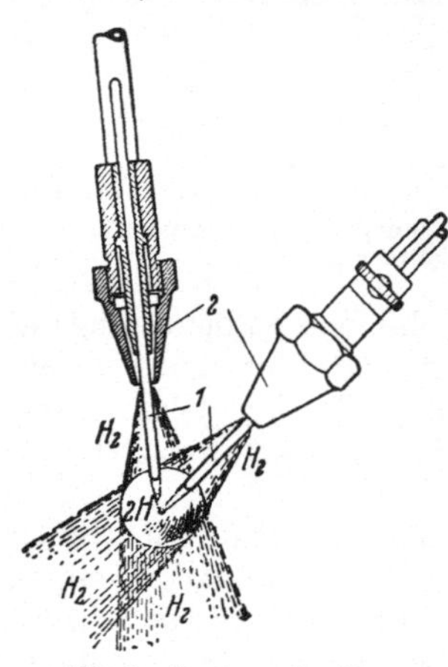
Abb. 8. Arcatomschweißung.

von der Schweißstelle fernhält und durch günstigste Wärmeverteilung die Randzonen der Schweiße so weit flüssig macht, daß Schweiße und angrenzender Werkstoff sich gut vermischen. Diese Überlegungen führten zur Ausbildung des auf Forschungen des amerikanischen Ingenieurs LANGMUIR aufgebauten Arcatomverfahrens. Der Lichtbogen wird (Abb. 8) nach dem Zerener-Verfahren zwischen zwei Wolframelektroden von $1,5\cdots3$ mm Durchmesser gezogen, denen durch Ringdüsen Wasserstoff zugeführt wird. Die weißglühenden Elektroden und der Lichtbogen bewirken eine Dissoziation (Spaltung) der Wasserstoffmoleküle H_2 in Atome $2H$ unter Wärmebindung. Am Rande der scheibenartigen Flamme vereinigen sich die Wasserstoffatome wieder zu Molekülen H_2 unter erheblicher Wärmeabgabe und damit Temperatursteigerung. Es wird mit Wechselstrom von der allerdings hohen Zündspannung von 300 V (wegen der Zündung in Wasserstoff) und mit einer Schweißspannung von $60\cdots110$ V gearbeitet. Das Verfahren hat sich als geeignet für Blechdicken bis etwa 10 mm erwiesen und ergibt Nähte von großer Festigkeit und Dehnbarkeit.

Arcogenschweißung. Der Schweißer hält in der rechten Hand den normalen Azetylenbrenner. In der linken Hand hat er die Elektrode, der der Schweißstrom von einem Wechselstromumspanner besonderer Bauart zufließt. Die Zündspannung beträgt etwa 80 V, die Schweißspannung etwa 33 V. Die Elektrode muß mit einer besonderen Umhüllung versehen sein, damit der Lichtbogen in der ihn umgebenden Azetylenflamme ruhig brennt. Die Schweißgeschwindigkeit ist höher als beim gewöhnlichen Lichtbogen- und Gasschweißen. Das Verfahren ist kaum noch in Gebrauch.

2. Die Widerstandsschweißung[1].

Grundsätzliches. Die Widerstandsschweißung, erfunden von THOMSON um 1877, beruht darauf, daß ein elektrischer Leiter sich an Stellen größeren Widerstandes entsprechend stark erwärmt. Nach dem Jouleschen Gesetz ist die erzeugte Wärmemenge $Q = J^2 \cdot R \cdot t$ ($J =$ Stromstärke, $R =$ Widerstand, $t =$ Zeit). Am geeignetsten ist einphasiger Wechselstrom von 50 Perioden, hoher Stromstärke und nur $1\cdots10$ V Spannung. Sämtliche zum Schweißen erforderlichen Teile, einschließlich des Umspanners, werden in einer Schweißmaschine zu-

---

[1] Vgl. Heft 73: Widerstandsschweißen.

sammengebaut. Kleine Maschinen erfordern $3 \cdots 6$ kVA bei $1500 \cdots 3000$ A Stromstärke, große Maschinen bis zu 800 kVA bei bis zu 100000 A.

Stumpfschweißung. Die Grundform dieser Schweißmaschinen zeigt Abb. 9. Beim Herunterdrücken des Fußhebels a werden die Hebel b nach links bzw. rechts und damit zunächst die oberen Klemmbacken c heruntergedrückt: die Schweißstücke sind eingespannt. Bei weiterem Herunterdrücken des Fußhebels drücken die Hebel b gegen die waagerecht verschiebbaren Stücke d und pressen so die Arbeitsstücke zusammen. Gleichzeitig wird der Strom eingeschaltet; ausgeschaltet wird er selbsttätig dadurch, daß ein sich mit den Klemmbacken bewegender Stift e an f anstößt, einen Hilfsstromkreis einschaltet und dadurch den Ausschalter betätigt. Derartige Maschinen werden für Querschnitte bis zu 500 mm² gebaut. Abb. 9 zeigt gleichzeitig den Umspanner T, den man in das Innere des Maschinenunterteils einbaut, und den Weg des elektrischen Stroms im Sekundärstromkreis vom Umspanner zum linken Klemmbacken c, durch das Arbeitsstück hindurch, dann vom rechten Klemmbacken c zurück zum Umspanner.

Abbrennschweißung. Bei der Stumpfschweißung schwieriger Querschnitte, z. B. der Formeisen, Automobilfelgen, Rohrstücke, Werkzeuge usw., versagt

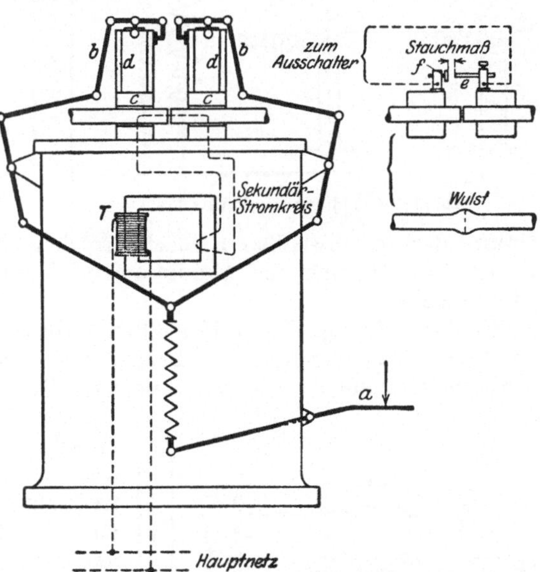

Abb. 9. Stumpfschweißmaschine.
a und b = Hebel; c = Klemmbacken; d = obere Haltestücke;
e = Stift; f = Halter; T = Umspanner.

die gewöhnliche Stumpfschweißung, weil die dünneren Stellen verbrennen und die dickeren nicht genügend Hitze erhalten. Dem hilft das sog. „Abbrennverfahren" ab, bei dem die eingespannten Schweißstücke durch eine Schlittenführung, unter gleichzeitiger Einschaltung des Stroms, einander so weit genähert werden, bis der elektrische Strom in Form von Funken überspringt. Dann werden die Stoßflächen unter starkem Funkensprühen abgeschmolzen, und gleichzeitig entsteht Schweißglut in den Arbeitsstücken. Nunmehr preßt man die Stücke, unter Ausschaltung des Stroms, aneinander und erzielt so die endgültige Schweißung. Die Stauchwulst fällt, infolge des Herausschleuderns geschmolzenen Werkstoffs, sehr klein aus gegenüber der Wulst beim gewöhnlichen Stumpfschweißen und wird am besten in rotwarmem Zustand mit dem Meißel entfernt. Der Funkenregen ist durch eine Schutzvorrichtung an der Schweißmaschine abzufangen. — Große Abbrennstumpfschweißmaschinen haben einen Schweißquerschnitt bis zu 40000 mm² und arbeiten vollkommen selbsttätig.

Als Sonderbauart der Stumpfschweißmaschinen sind insbesondere noch die Kettenschweißmaschinen zu erwähnen. Auch hat man nachträglich erst aus den Stumpfschweißmaschinen die elektrischen Nietwärmer und Schmiedefeuer entwickelt.

Die Punktschweißung wird durch Abb. 10 gekennzeichnet. Der Strom geht durch Aufdrücken der oberen Punktelektrode P von dieser durch die überlappten

Bleche, zur unteren Punktelektrode $B - B$ und P können die verschiedenartigsten Formen haben — und schweißt die beiden Bleche in einem Schweißpunkt zusammen. Durch Verschieben der Bleche erhält man weitere Schweißpunkte und eine der Nietnaht ähnliche Verbindung. Der leichte Eindruck auf beiden Außenblechseiten läßt sich auf einer Seite durch Anwendung der Flächenelektrode A vermeiden. Die Elektroden sind innen hohl und durch Wasser gekühlt. Die obere Elektrode ist gewöhnlich beweglich und wird durch einen Fußhebel auf das Arbeitsstück niedergedrückt. Durch dieselbe Bewegung wird auch der Strom eingeschaltet. Die übliche obere

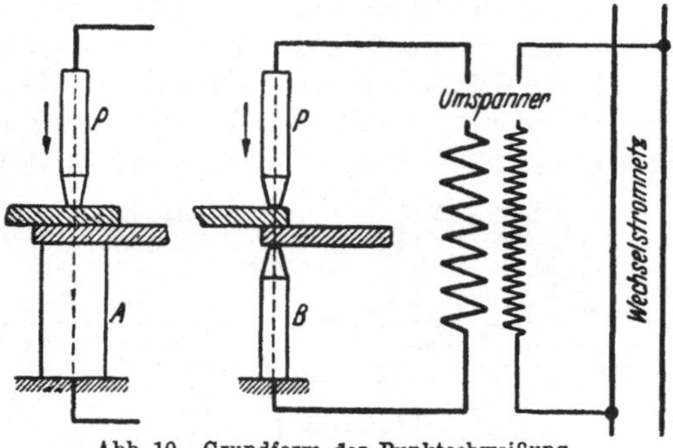

Abb. 10. Grundform der Punktschweißung.

Grenze der verschweißbaren Blechdicke liegt für Stahl bei etwa 5 mm (seltener 10 mm), für Messing und Aluminium bei 3 mm, für Kupfer bei 1 mm Dicke des Einzelblechs.

Nahtschweißung. Beim Herstellen wasserdichter Nähte lag es nahe, anstatt der Punktelektroden solche in Rollenform anzuwenden, um auf diese Weise eine fortlaufende Naht zu erhalten (Abb. 11). Beim Hindurchziehen der beiden überlappten Bleche (in Richtung des Pfeiles a) zwischen den stromdurchflossenen Rollen A und B entsteht eine ununterbrochene Schweißnaht unter der Voraussetzung, daß die Rollen auf das Schweißgut dauernd einen Druck ausüben. — Die übliche obere Grenze der verschweißbaren Blechdicke liegt für Stahl bei 2 mm, für Messing und Aluminium bei 1 mm Dicke des Einzelblechs. Sowohl bei der Punkt- wie bei der Nahtschweißung müssen die Bleche gut gereinigt (möglichst dekapiert oder kastengeglüht) sein.

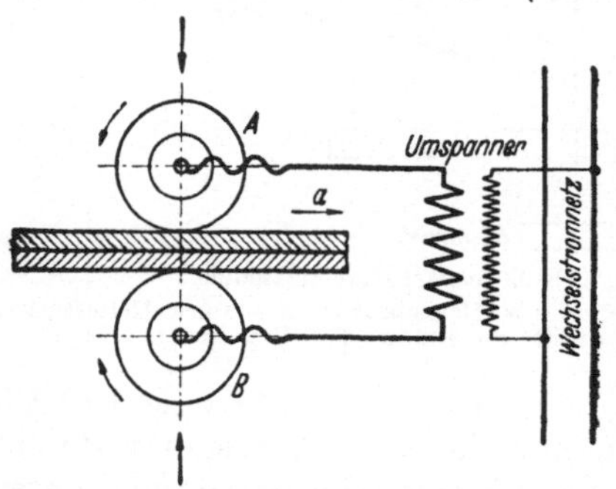

Abb. 11. Grundform der Nahtschweißung.
A und B = Schweißrollen; a = Schweißrichtung.

Während man durch enges Aneinanderreihen der Schweißpunkte beim Punktschweißverfahren schon eine Schweißung erzielt hat, die sogar beim Einbringen von Flüssigkeiten in Gefäße gut dicht hält, ist es beim Nahtschweißverfahren schwieriger, dichte Nähte zu erhalten. Einmal liegt dies daran, daß die Schweißnaht oft Spannungen während des Schweißens ausgesetzt ist; außerdem wird aber auch der in der Schweißhitze teigig gewordene Werkstoff durch die Schweißrollen leicht furchenartig aus der Naht herausgerissen. Diesen Mängeln hilft das „Schrittschweißverfahren" ab. Zunächst wird ein kurzes Nahtstück unter ruhendem Druck der Rollenelektroden geschweißt. Darauf wird der Strom ausgeschaltet, die Schweißrolle ruht eine kurze Zeit auf der geschweißten Stelle und läßt so das geschweißte Nahtstück unter Abkühlung durch ihre Wasserkühlung und unter Druck erkalten. Hierauf werden die Schweißrollen ohne Stromzuführung fortbewegt, und der eben beschriebene Vorgang wiederholt sich bei dem anschließenden Nahtstück.

Bei Punkt- und Nahtschweißmaschinen ist die Steuerung des Schweißstroms, d. h. die Regelung der Schweißzeit und der stromlosen Pausen, von besonderer Wichtigkeit. Hierfür sind in neuerer Zeit elektrische Steuerungen ausgebildet worden, z. B. gittergesteuerte Stromrichter und die mit Spannungswellen arbeitende Kaskadensteuerung. Für die Nahtschweißung kommt noch die Modulatorsteuerung in Frage und für Leichtmetallschweißungen die Programmsteuerung, bei der neben der Stromsteuerung auch eine planmäßige zeitliche Regelung des Elektrodendrucks vorgenommen wird.

Weibelverfahren. Dieses von WEIBEL entwickelte und auch als Fesa-Verfahren (Fesa = Fabrik elektrischer Schweiß-Apparate) bezeichnete Schweißverfahren könnte man als eine Widerstandsschmelzschweißung ansehen. Zwei in einem Elektrodenhalter geführte, verkupferte Kohleelektroden a und a_1 (Abb. 12) von 8···15 mm Durchmesser werden zunächst in Berührung gebracht und auf Weißglut erhitzt. Darauf zieht man sie wieder auseinander und führt sie beiderseits der Bördelränder c ruhig und ohne Druck entlang. Die Bördel werden verflüssigt und füllen die Naht d aus. Der Öffnungswinkel der Elektroden α beträgt etwa 25°. Das Stück e stellt die bereits geschweißte Nahtstrecke an dem Blechpaar b—b_1 dar. Man arbeitet mit Wechselstrom über einen Umspanner bei 4···10 V Schweißspannung und 250 A Stromstärke. Das Verfahren findet bis jetzt Anwendung beim Schweißen von Leichtmetallblechen in Dicken von 0,2···1,5 mm und ist auch für Zink, nicht aber für Stahlblech anwendbar. Es erfordert

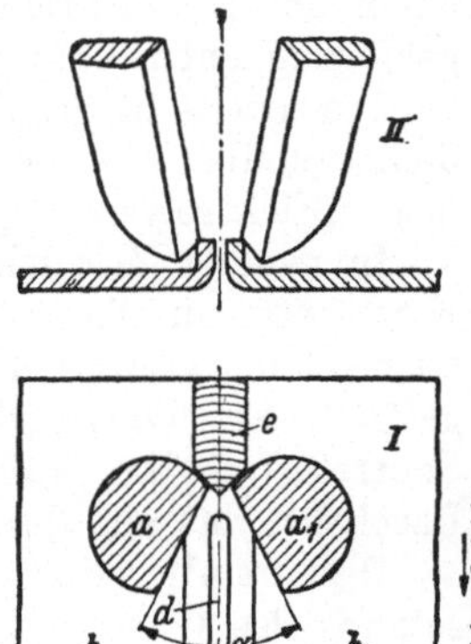

Abb. 12. Weibelverfahren.
a u. a_1 = Kohleelektroden;
b u. b_1 = Bleche;
c = Bördelränder;
d = Schweißfuge;
e = fertige Schweißnaht;
α = Öffnungswinkel der Elektroden.

bei Leichtmetallen und Zink, wie die Gas- und die Arcatomschweißung, die Anwendung entsprechender Flußmittel, die an der Unterseite des Blechs aufgetragen werden, weil sonst der Stromübergang zwischen den Blechen gestört und die Nahtgestaltung infolge starker Schlackenbildung beeinträchtigt wird. Die Schweißgeschwindigkeit beträgt 0,5···1,0 m/min.

D. Die Gasschweißung (autogene Schweißung).

Wesen und Arten der Gasschweißung. Bei der Gasschmelzschweißung — kürzer „Gasschweißung" genannt — wird ein Gas-Sauerstoff-Gemisch an der Düsenmündung eines Schweißbrenners entzündet. Die entstehende Stichflamme von hoher Temperatur ruft ein örtliches Schmelzen des Metalls hervor, wobei die Schweißkanten ineinander überfließen. Je nach Bedarf wird noch Zusatzwerkstoff (Schweißdraht) und ein Flußmittel (Schweißpulver oder -paste) verwendet.

Praktisch kommen heute als Brenngase in Betracht: Azetylen, Wasserstoff, Leuchtgas, Methan und Benzol. Man spricht daher im einzelnen auch von einer Azetylenschweißung, Wasserstoffschweißung usw. Von Bedeutung ist vor allem das Azetylen. Die übrigen Brenngase spielen ihm gegenüber eine untergeordnete Rolle. Sie werden daher im folgenden auch nur kurz gestreift.

1. Die Schweißgase.

Der **Sauerstoff** wird im großen in chemischen Fabriken aus flüssiger Luft nach den drei, nur wenig voneinander verschiedenen Verfahren von LINDE, LINDE-CLAUDE und HILDEBRANDT gewonnen. Nach dem am meisten in Deutschland gebräuchlichen Verfahren von Linde wird zunächst Luft verflüssigt, indem man sie auf etwa 200 at verdichtet und dann plötzlich auf 1 at entspannt. Hierdurch wird Kälte entwickelt, die wieder dazu benutzt wird, neu zuströmende

Mengen verdichteter Luft in Gegenstromschlangen vorzukühlen, so daß diese stark abgekühlte Luft, wieder entspannt, noch tiefere Temperaturen erzeugt, bis schließlich die Luft bei -140^{0} flüssig wird. Im Lufttrennungsapparat wird die flüssige Luft dann in Sauerstoff und Stickstoff getrennt, da der Stickstoff einen um 13^{0} niedriger liegenden Siedepunkt als der Sauerstoff hat und zuerst gasförmig entweicht; das schließlich auf $98\cdots99\%$ angereicherte Sauerstoffgas wird meistens in Stahlflaschen auf 150 at verdichtet. Wenig in Anwendung ist demgegenüber die Zersetzung des Wassers mit Hilfe des elektrischen Stroms (sog. „Elektrolysure" von SCHMIDT, SCHUCKERT, SCHOOP, GARUTI).

In neuerer Zeit wird auch flüssiger Sauerstoff nach dem Verfahren von HEYLANDT in Transporttanks den einzelnen Lagerstellen zugeführt und dort oder in der Fabrik in besonderen Vergasern in den gasförmigen Zustand übergeführt. Zur Weitergabe dienen dann Rohrleitungen oder Gasflaschen. Flüssiger Sauerstoff ergibt große Frachtersparnisse (gegenüber den sehr schweren Gasflaschen); das aus ihm gewonnene Gas ist sehr rein und trocken.

Wasserstoff wird gewonnen durch die schon erwähnte elektrolytische Zersetzung des Wassers, im großen aber hauptsächlich bei der Chlor-Alkali-Elektrolyse, d. h. bei der elektrolytischen Zersetzung von Chlorkalium (Steinsalz). Nach einem anderen Verfahren, von Linde-Frank-Caro und von Griesheim-Elektron, wird dem Wassergas der Wasserstoff entzogen, indem es stark abgekühlt wird. Hierbei werden alle Bestandteile des Wassergases flüssig mit Ausnahme des Wasserstoffs, der dann abgesaugt wird. Zu erwähnen ist dann noch das Messerschmitt-Verfahren, bei dem Wasserdampf über rotglühendes Eisen geleitet wird. Wasserstoff kommt gasförmig, unter 150 at Druck, in Stahlflaschen in den Handel.

Leuchtgas wird in Gasanstalten durch Vergasung von Steinkohle in Retorten oder Kammeröfen (Erhitzung unter Luftabschluß = trockene Destillation) erzeugt, besteht hauptsächlich aus Wasserstoff und Kohlenwasserstoffen (CH_4 und C_2H_4) und wird nach gründlicher Reinigung in großen Gasbehältern aufgespeichert und durch Rohrleitungen unter niedrigem Druck den einzelnen Verbrauchsstellen zugeführt. Leuchtgas wird wegen seiner niedrigen Flammentemperatur sowie seines Gehalts an Wasserdämpfen und Schwefelverbindungen wenig zu Schweißzwecken, eher zum Schneiden oder Löten benutzt.

Reiner leichter Kohlenwasserstoff (CH_4, Grubengas), **Methan**, wird in Flaschen, auf 150 at verdichtet, in den Handel gebracht und in kleinerem Umfange zum Schweißen verwendet.

Benzol wird in Gasanstalten oder Zechenkokereien bei der Destillation des Steinkohlenteers gewonnen und als Flüssigkeit in Flaschen in den Handel gebracht. Erst im Schweißbrenner selbst gelangt es zur Vergasung.

Azetylen (C_2H_2) wird meistens unmittelbar an der Verwendungsstelle aus Kalziumkarbid und Wasser erzeugt. Es hat einen Heizwert von 13000 kcal auf 1 m³. Kalziumkarbid erhält man in verlöteten Blechbüchsen von 100 kg Inhalt, und zwar in Korngrößen von $1\cdots4$, $4\cdots7$, $8\cdots15$, $15\cdots25$, $25\cdots50$ und $50\cdots80$ mm. Da feinkörniges Karbid seiner großen Oberfläche halber am meisten der Verwitterung ausgesetzt ist, erhält man die größere Gasausbeute aus Stückkarbid. 1 kg Reinkarbid ergibt 348,7 l Azetylen bei 0^{0} und 760 mm Druck; praktisch kommt man durchschnittlich nur auf 300 l bei gewöhnlicher Temperatur. Für den Verkauf von Karbid sind die vom Deutschen Azetylenverein erlassenen „Normen für den Karbidhandel" allgemein anerkannt. Danach muß Karbid von $15\cdots80$ mm Korngröße mindestens 300 l, solches von $4\cdots15$ mm mindestens 270 l Rohazetylen bei 15^{0} und 760 mm Druck ergeben. Karbid mit weniger als 250 l Ausbeute braucht nicht abgenommen zu werden. Jede Einwirkung von Feuchtigkeit auf Karbid führt zu einer Entwicklung von Azetylengas, das wiederum bei mehr als 2 at Druck explosiv wird. Deshalb sind für die Lagerung größerer Karbidmengen besondere gesetzliche Vorschriften erlassen (s. die später erwähnte „Azetylenverordnung").

Unter dem Namen „Beagid" oder „Patronid" wird feingemahlenes Karbid in Form zylindrischer Patronen von 80 mm Durchmesser, die mit Öl und zuckerhaltigen Stoffen zur besseren Bindung behandelt sind, in den Handel gebracht. Die Azetylenentwicklung geht dann auch ruhiger vor sich. Praktische Anwendung bei kleinen Werkstatt- und Montageentwicklern.

Die Entwicklung des Azetylens aus Kalziumkarbid und Wasser geht nach folgender chemischen Gleichung vor sich:

$$CaC_2 + 2H_2O = C_2H_2 + Ca(OH)_2.$$

Außer Azetylen entsteht also gelöschter Kalk, der von Zeit zu Zeit aus den Azetylenentwicklern entfernt werden muß. Azetylen ist verunreinigt durch Schwefelwasserstoff, Phosphorwasserstoff, Siliziumwasserstoff, Ammoniak und Wasserdampf. Ein Teil läßt sich durch gründliches Waschen des Gases entfernen, der Rest nur durch chemische Reinigungsmassen (s. später). Die Explosionsgrenzen von Azetylenluftgemischen liegen zwischen 3···65% Azetylen, d. h. eine Mischung von 3 Teilen Azetylen und 97 Teilen Luft ist explosiv und bleibt es bis zu einem Mengenverhältnis von 65 Teilen Azetylen zu 35 Teilen Luft. Azetylen hat also eine sehr hohe Explosionsempfindlichkeit, die durch höheren Druck, Trockenheit und steigende Temperatur noch weiter erhöht wird. Über gelöstes Azetylen (Flaschengas) wird später gesprochen.

2. Stahlflaschen und Ventile.

Stahlflaschen kommen für die komprimiert (d. h. verdichtet) verwendeten Gase: Sauerstoff, Wasserstoff, Methan, gelöstes Azetylen in Frage. Die Größenabmessungen sind sehr verschieden (s. DIN 4664). Eine normale Type hat z. B. bei 40 l Wasserinhalt 1,80 m Höhe, 0,20 m Durchmesser, gefüllt 81 kg Gewicht. Ihr Inhalt von 40 l mit Gas von z. B. 150 at Druck entspricht einer Gasmenge von $40 \times 150 = 6000$ l $= 6$ m³ von normalem Druck (1 at). Der Rauminhalt

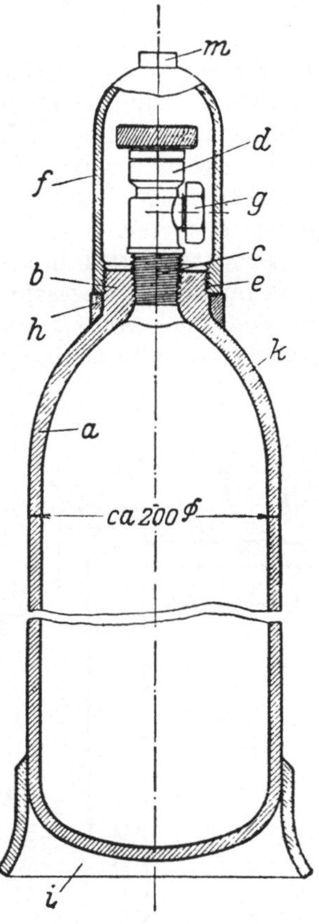

Abb. 13. Schnitt durch eine Stahlflasche.

a = Stahlrohr; b = Flaschenhals; c = Ventilgewinde; d = Flaschenventil; e = Rohrgewinde; f = Schutzkappe; g = Verschlußmutter; h = Ring; i = Fuß; k = Stelle der Flaschennummer usw.; m = Vierkant.

der Flasche ist durch Füllen mit Wasser genau festgestellt worden, daher auch die Bezeichnung „Wasserinhalt", und ist außen an der Flasche eingeschlagen. Die beim Schweißen jeweils noch in der Flasche vorhandene Gasmenge kann man leicht durch Ablesen des Druckmessers bestimmen. Zeigt der Druckmesser z. B. noch 65 at an, so enthält die Stahlflasche von 40 l Wasserinhalt noch $65 \times 40 = 2600$ l $= 2,6$ m³ Gas von normalem Druck (1 at). Gegenüber der Vollfüllung (150 at Druck) sind also $6000 - 2600 = 3400$ l Gas verbraucht worden. Die Stahlflaschen (s. Abb. 13) sind aus Flußstahl nahtlos gezogen, haben oben am Kopf ein Flaschenventil d, das während der Beförderung auf der Bahn usw.

durch eine Schutzkappe *f* geschützt ist, und unten einen Vierkantfuß *i*, damit sie nicht gerollt werden können. Bei Sauerstoff- und Wasserstoffflaschen beträgt der Probedruck 225 at, der Füllungsdruck 150 at; dieser ist mit Stempel eingeschlagen. Alle Wasserstoff-Flaschenventile haben am Seitenzapfen Linksgewinde, alle Sauerstoffventile haben Rechtsgewinde, um Verwechslungen und Explosionsgefahren zu vermeiden. Aus demselben Grunde ist auch ab 1. 7. 1922 eine Veränderung des Anschlußgewindes der Sauerstoffflaschen von $^1/_2{''}$ auf $^3/_4{''}$ Gasgewinde vorgesehen. Zur weiteren Kenntlichmachung der Gasart sind die Flaschen farbig angestrichen, und zwar Sauerstoffflaschen blau, Wasserstoffflaschen rot und Azetylenflaschen gelb. Doch wird auch als hinreichend erachtet, einen genügend breiten Farbring auf grauem Grundanstrich anzubringen. Denselben Anstrich sollen die Druckminderventile tragen.

Über Behandlung der Flaschen, insbesondere auch wegen der Explosionsgefahr s. später.

Druckminderventile. Der hohe Druck von z. B. 150 at wird durch ein an das Verschlußventil angeschraubtes Druckminderventil (Reduzierventil) auf den Schweißdruck von $^1/_3 \cdots 2^1/_2$ at (je nach Größe der Brenner) vermindert. Abb. 14 gibt die Grundform eines solchen Ventils wieder (s. auch DIN 1906). Beim Öffnen des Flaschenventils tritt das Gas unter vollem Flaschendruck in das Rohr *2* ein. Wird nun das Rädchen *1* nach rechts gedreht, so drückt die an ihm sitzende Schraube die Feder *10* zusammen, damit Scheibe *9* und Hebel *7* nach links und Doppelhebel *8* oberhalb des Drehpunktes *6* nach rechts; der Gummikegel *3* wird von der Verschlußstelle abgehoben, das Gas kann in den Raum *A* eintreten. Je mehr Rad *1* nach rechts gedreht wird, um so höher steigt der Druck in *A* und in der bei *12* abgehenden Schlauchleitung zum Brenner, was am Arbeitsdruckmesser *5* ständig abgelesen werden kann.

Fast alle Druckminderventile für Sauerstoff enthalten noch einen **Ausbrennschutz**, da bei schnellem Öffnen des Flaschenverschlußventils durch Sauerstoffverdichtung und hierdurch entstehende Verdichtungswärme die Hartgummidichtung bei *3* (Abb. 14) entflammen und das ganze Ventil zerstört werden kann. Gegen den Rückschlag der Schweißflamme bis zum Druckminderventil kann man eine **Rückschlagpatrone** am Ventil vor die Schlauchleitung schalten. Diese Schutzpatrone enthält ein Rückschlagventil, das sich sofort bei einem Gasrücktritt schließt, und einen porösen Einsatz, der etwaige vom Brenner herkommende Explosionswellen unschädlich macht. Der Werkstoff des Ventils ist Druckmessing. Nur das Druckminderventil für das später besprochene gelöste Azetylen besteht aus weichem Stahl. Es ist nämlich verboten, für Azetylen unter Druck Kupfer- oder Kupfer enthaltende Ventile zu verwenden, da sich explosives Azetylenkupfer bilden könnte. Die Flaschenventile für gelöstes Azetylen haben übrigens auch keinen Gewindeanschluß, sondern einen Zapfenanschluß.

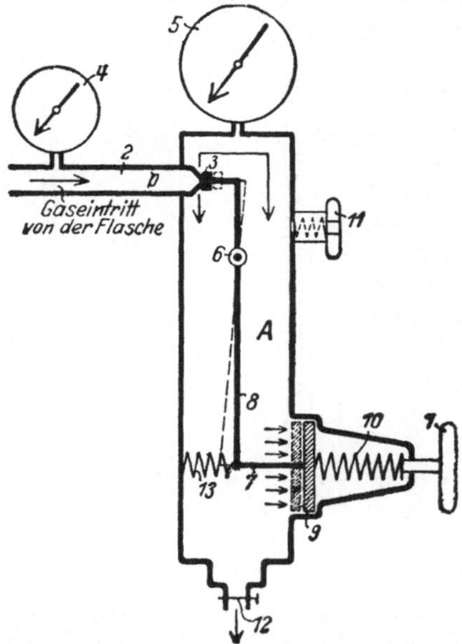

Abb. 14. Grundform eines einhebligen Druckminderventils.

1 = Rädchen; 2 = Rohr; 3 = Hartgummistöpsel; 4 u. 5 = Druckmesser; 6 = Drehpunkt; 7 u. 8 = Hebel; 9 = Scheibe; 10 = Feder; 11 = Sicherheitsventil; 12 = Abgang zum Schlauch; 13 = Feder.

Abb. 14 zeigt ein einstufiges und einhebliges Ventil, das die Bedingung eines gleichmäßigen Arbeitsdrucks nicht in dem heute gewünschten Maße zu erfüllen vermag. Besser ist die in Abb. 15 dargestellte Konstruktion eines zweistufigen hebellosen Druckminderventils. Durch Rechtsdrehen der Stellschraube *3* wird Entspannungsventil *5* geöffnet. Das Gas strömt so lange über *6* nach *8*, bis der in der Zwischenkammer *11* steigende Druck so groß geworden ist, daß dadurch die Kraft der Feder im Gehäuse *4* überwunden und somit das Ventil geschlossen ist. Wird jetzt bei geöffnetem Ablaßventil *10* Gas entnommen, so fällt der Druck in der Arbeitskammer *12* ab. Damit wird die an der Ventilstange sitzende bewegliche Platte entlastet, und die Federkraft kann das Ventil *13* wieder öffnen. Der gleiche Vorgang stellt sich rückwärts wirkend dann bei der ersten Druckstufe ein.

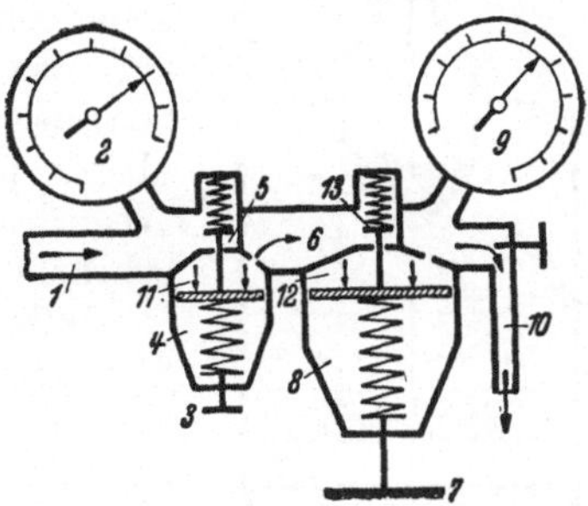

Abb. 15. Grundform eines zweistufigen hebellosen Druckminderventils.
1 = Gaszutritt; *2* = Druckmesser; *3* = Stellschraube; *4* = Gehäuse; *5* = Ventil; *6* = Weg des Gases; *7* = Stellschraube; *8* = zweites Gehäuse; *9* = Druckmesser; *10* = Gasaustritt; *11* = Zwischenkammer; *12* = Arbeitskammer; *13* = Ventil.

3. Azetylenentwickler.

Genehmigungsvorschriften. Die Zulassung und Bescheinigung neuer Azetylenentwickler erfolgt auf Grund der Deutschen Azetylenverordnung durch den Deutschen Azetylenausschuß in Berlin. Alle Entwickler bis 10 kg Karbidfüllung und bis zu einer Stundenleistung von 6000 l Azetylen unterliegen einer Bauart- (Typen-) Prüfung und können in Arbeitsräumen benutzt werden. Entwickler mit mehr als 10 kg Karbidfüllung unterliegen der gleichen Prüfung. Entwickler, denen die Stempelzeichen (Adler) auf den Kupfernieten oder Zinntropfen der Firmenschilder fehlen, sind nicht genehmigt! Die Inbetriebsetzung jedes Entwicklers mit mehr als 2 kg Karbidfüllung ist der zuständigen Polizeibehörde anzuzeigen.

Die Einteilung der Entwickler kann nach verschiedenen Gesichtspunkten erfolgen, in der Hauptsache

a) nach der Karbidfüllung in
Bewegliche Montageentwickler (M-Entwickler) mit einer Höchstfüllung von 2 kg Karbid, ohne polizeiliche Anmeldung verwendbar.

Ortsveränderliche Werkstättenentwickler (J-Entwickler) mit einer Höchstfüllung von 10 kg Karbid, nach polizeilicher Anmeldung in Werkstatträumen benutzbar.

Ortsfeste Anlagen (S-Entwickler) mit mehr als 10 kg Karbidfüllung, polizeilich anzumelden und in besonderen Räumen unterzubringen.

b) nach der Höhe des Gasdrucks in
Niederdruckentwickler, Betriebsdruck bis 300 mm Wassersäule,
Mitteldruckentwickler, bis 2000 mm Wassersäule (0,2 atü),
Hochdruckentwickler, bis 15000 mm Wassersäule (1,5 atü).

c) nach der Art, wie Karbid und Wasser zusammengebacht werden, in
Einwurfentwickler (Karbid wird in das Wasser geworfen),
Zuflußentwickler (Wasser fließt auf das Karbid),
Verdrängungsentwickler (Karbid steht fest, Wasser tritt hinzu und wird zeitweise abgedrängt).

Einwurfentwickler. Die Hauptgrundform gibt Abb. 16 wieder. Die sinkende Gasglocke (hier nicht gezeichnet) öffnet mittels Hebelvorrichtung das Ventil *D*. Feinkornkarbid fällt aus dem domförmigen Vorratsbehälter *B* in das Wasser des Entwicklerraumes *A*. Das Azetylen entweicht bei *C*. Für große ortsfeste Entwickler, wie sie bei größeren Anlagen in Frage kommen, ist das Einwurfssystem infolge Vermeidung der schädlichen Erwärmung am zweckmäßigsten.

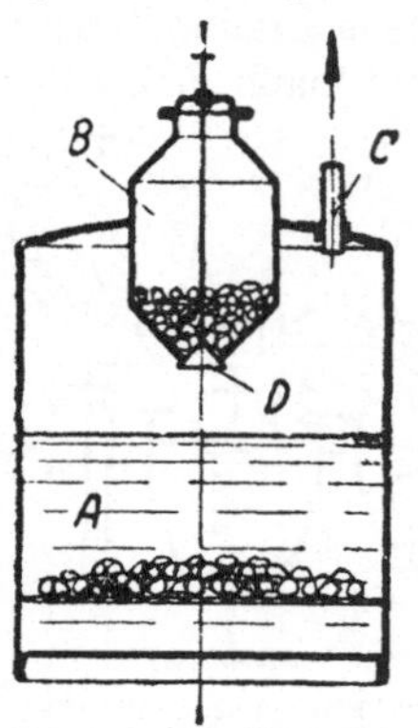

Abb. 16. Grundform des Einwurfentwicklers.

A = Entwicklerraum;
B = Karbidraum;
C = Azetylenabgang;
D = Ventil.

Abb. 17 zeigt eine solche ortsfeste Anlage. Sie dient der Erzeugung von Hochdruckazetylen und besitzt deshalb auch keine schwimmende Glocke, sondern einen festen Gassammler. Das Karbid wird über einen Vorfüller und durch eine Schleuse in den Vorratsbehälter gebracht und gelangt dann über eine Verteilertrommel in das Entwicklerwasser. Der Weg des Azetylens ist aus den an den Rohrleitungen angebrachten Pfeilen zu ersehen.

Zuflußentwickler sind durch den Hochdruckentwickler Abb. 18 gekennzeichnet. Am Hauptbehälter *a* fließt Wasser über *b* in die Schublade *c* (daher auch die Bezeichnung „Schubladen- oder Retortenentwickler"). Die in mehrere Kammern geteilte Schublade darf nur bis zur Hälfte mit Stückkarbid gefüllt werden, da der Kalkschlamm annähernd den doppelten Raum des eingebrachten Karbids einnimmt. Das entwickelte Azetylen steigt durch Rohr *d* und Rückschlagventil *e* in den oberen Teil von *a*. Bei steigendem Druck wird Wasser aus *a* nach dem Innenbehälter weggedrängt, der Wasserspiegel in *a* sinkt bis unter *b*, womit die Wasserzufuhr zu der Schublade und damit weitere Gasentwicklung unterbrochen wird. Größere Entwickler haben 2 Schubladen, wodurch eine ununterbrochene Gasentwicklung gesichert ist. Die Wasserschleuse *h* dient zum Nachfüllen von Entwickler-

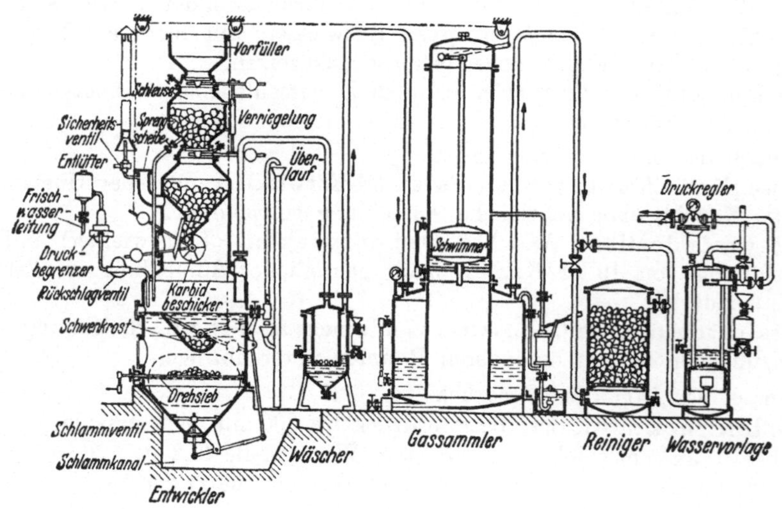

Abb. 17. Großer ortsfester Einwurfentwickler.

wasser, das Sicherheitsventil *k* bläst bei Erreichen des Höchstdruckes von 1,5 atü dauernd ab.

Verdrängungsentwickler. Als Grundform kann die in Abb. 19 wiedergegebene Kippsche Flasche angesehen werden. Ist der Vorrat an bei *E* austretendem Azetylen erschöpft, so wird das im Trichter *B* befindliche Wasser durch Rohr *A* im Raum *D* hochsteigen und mit dem bei *C* liegenden Karbid in Berührung kommen.

Das sich nun bildende Azetylen verdrängt wieder das Wasser in das Rohr A hinein. Diese einfache Grundform ist besonders geeignet für tragbare Entwickler. In Abb. 20 haben wir einen

Mitteldruckentwickler für einen Höchstdruck von 800···900 mm WS vor uns. In besonderen Eimern a hängen Vergasungshauben b mit Karbidkörben c und Deckeln d. Das unter b erzeugte Azetylen strömt durch Leitung e (mit Kupplung f) in den im Hauptbehälter h sitzenden Gassammler g und aus diesem durch Leitung i (mit Entlüftungsventil k) zur Sicherhe tsvorlage und zum Schweißbrenner. Zweckmäßig wird Stückkarbid 50/80 mm verwendet.

Trockenentwickler „Schlammlos". Bei den

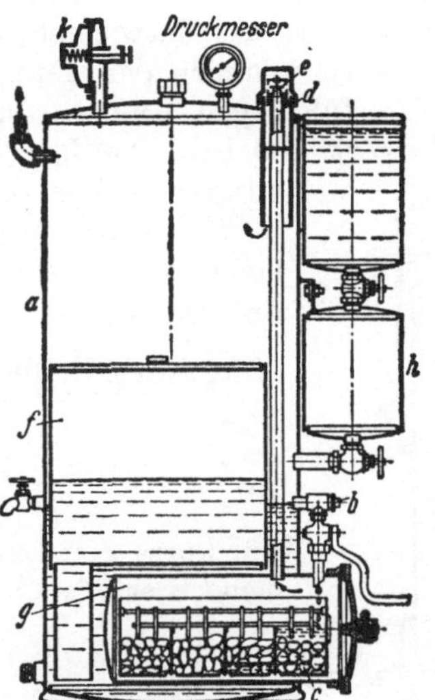

Abb. 18. Zuflußentwickler.

a = Hauptbehälter; b = Wasserentnahme; c = Schublade; d = Gasleitung; e = Rückschlagventil; f = Innenbehälter; g = Retorte; h = Wasserschleuse; k = Sicherheitsventil.

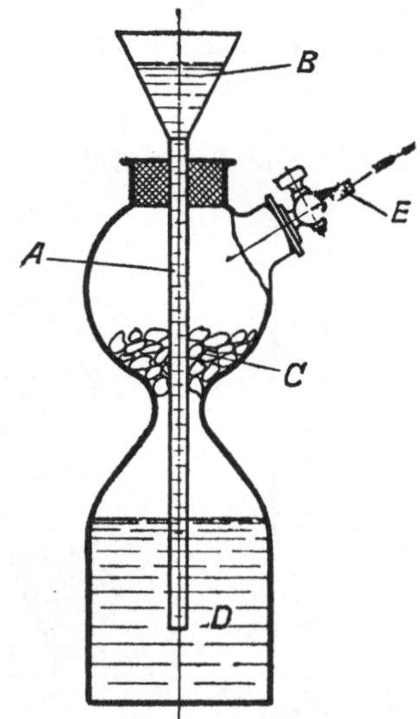

Abb. 19. Grundform des Verdrängungsentwicklers.

A = Rohr; D = Entwicklerraum;
B = Trichter; E = Azetylenabgang;
C = Karbid.

üblichen Naßentwicklern verteilt man die bei der Erzeugung des Azetylens entstehende große Wärmemenge (400 kcal für 1 kg Karbid) durch zusätzliches Wasser so weit, daß das Wasser höchstens eine Temperatur von 60···70° annimmt. Dann braucht man aber etwa 10 l Wasser für 1 kg Karbid, während zur eigentlichen Azetylenerzeugung nur $^1/_2$ l Wasser je kg Karbid nötig ist. Das übrige Wasser wird mit dem entstandenen Kalk als Kalkschlamm abgelassen. Demgegenüber wird bei dem Trockenentwickler nur etwa 1 l Wasser auf 1 kg Karbid zugegeben. Infolgedessen wird die geringe Kühlwassermenge nicht nur erhitzt, sondern verdampft, strömt mit dem Azetylen ab und wird in einem Kühler niedergeschlagen. Der Kalkrückstand ist aber alsdann trocken und kann dem Entwickler pulverförmig entnommen werden.

In Abb. 21 ist der Entwickler „Schlammlos" wiedergegeben. Aus Vorfüller a wird Vorratsraum b mit Karbid (Körnung 25×50 mm) gefüllt. Beim Drehen der Beschickertrommel c fällt Karbid in die Siebtrommel d und wird durch Spritzrohr e mit Wasser

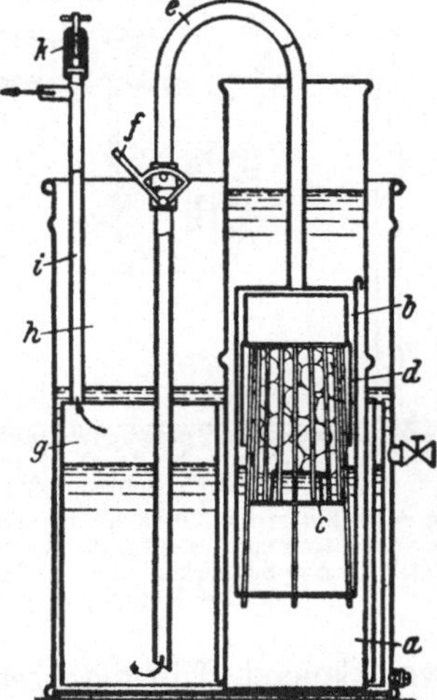

Abb. 20. Verdrängungsentwickler.

a = Eimer; b = Vergasungshaube; c = Karbidkorb; d = Deckel; e = Gasleitung; f = Kupplung; g = Gassammler; h = Hauptbehälter; i = Gasleitung; k = Entlüftungsventil.

besprüht. Das entstehende Azetylen strömt durch Leitung f zum Wäscher, Gassammler usw. Für höhere Verbrauchsdrücke als 400 mm WS wird die Anlage mit einem Azetylenverdichter ausgestattet. Der gebildete Kalk fällt herunter auf den oberen Teller g und durch die Schnecken h auf die weiter untenliegenden

Teller und schließlich in die Kalkschleuse i. Zur Entleerung schließt man das Ventil k und öffnet die Klappe l. Siebtrommel, Teller und Schnecken werden durch den Motor m angetrieben. Außerdem ist ein elektrisches Steuergerät zur weitgehenden selbsttätigen Bedienung des Entwicklers vorhanden. Die Reinigung erfolgt nicht mehr durch Überschwemmen des ganzen Entwicklerraumes mit Wasser, wie bei den ersten Ausführungen, sondern durch Ausblasen mit Stickstoff. Die Karbidfüllung beträgt 100 bzw. 250 kg. Es handelt sich also um ausgesprochene Großanlagen.

Entwicklerleistungen. Im allgemeinen liefert ein Azetylenentwickler im Dauerbetrieb bei

2 kg Karbidfüllung	höchstens	1200 l	}	Azetylen stündlich
4 „	„	„	2400 „	
6 „	„	„	3600 „	
10 „	„	„	6000 „	

Für kurze Zeit lassen sich auch größere Gasmengen erzielen.

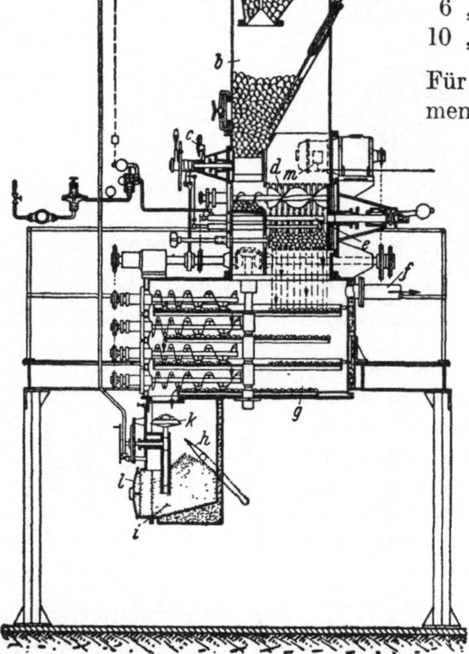

Abb. 21. Trockenentwickler „Schlammlos".

a = Vorfüller; b = Vorratsraum; c = Beschickertrommel; d = Siebtrommel; e = Spritzrohr; f = Gasleitung; g = Teller; h = Schnecken; i = Kalkschleuse; k = Ventil; l = Klappe; m = Motor.

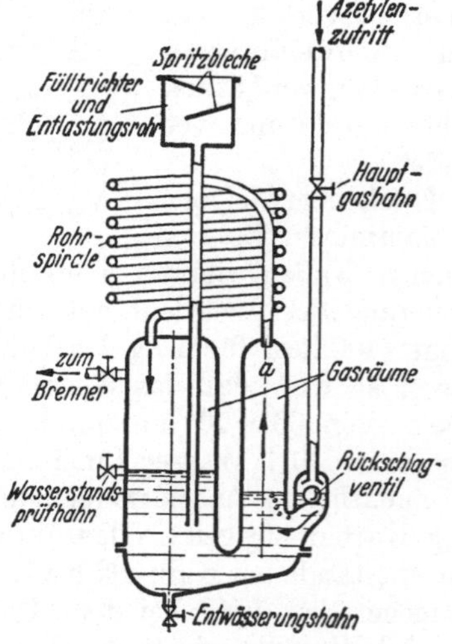

Abb. 22. Wasservorlage.

Sicherheitsvorlagen. Jede Azetylenschweißanlage muß eine Sicherheitsvorlage besitzen, die den Rücktritt von Sauerstoff in die Azetylenleitung und bei Gasmangel das Einsaugen von Luft in den Azetylenentwickler verhüten, sowie schließlich dem Fortschreiten einer vom Schweißbrenner zurückschlagenden Flamme oder Explosionswelle Halt gebieten soll. Sie ist daher auch dem Schweißbrenner unmittelbar vorzuschalten. Bei Großanlagen müssen an allen einzelnen Schweißstellen vor den Brennern solche Vorlagen angebracht sein. Außerdem muß die Großanlage selbst noch eine Hauptsicherheitsvorlage haben.

Die einzige bisher auserprobte zuverlässige Sicherheitsvorlage für Entwicklerazetylen ist die **Wasservorlage**. Eine zweckmäßige neuere Ausführung zeigt Abb. 22. Das Azetylen strömt über ein Rückschlagventil zum Eintrittsbehälter und dann bei *a* durch eine Rohrspirale zum Austrittsbehälter und weiter zum Schweißbrenner. Bei Sauerstoffrücktritt schließt das Rückschlagsventil das Zuleitungsrohr ab. Schlägt die Flamme zurück, so wird sie durch den Umweg über die Rohrspirale so verzögert, daß inzwischen durch den Explosionsdruck Wasser vom linken in den rechten Behälter gedrückt und die Azetylenzuleitung verschlossen ist, ehe die Flamme bzw. die Explosionswelle nach *a* kommen kann. Das einwandfreie Arbeiten jeder Wasservorlage hängt hauptsächlich vom richtigen Stand des Sperrwassers ab, das täglich vor Arbeitsbeginn am Wasserstandsprüfhahn nachzuprüfen ist. Wasservorlagen älterer Bauart, die nur Sicherheit gegen Sauerstoffrücktritt gewähren, dürfen nach Vorschrift der Deutschen Azetylenverordnung seit 1. 1. 1938 nicht mehr verwendet werden. Die neuen Niederdruckvorlagen tragen Zulassungsnummern über 500, die neuen Hochdruckvorlagen solche über 1000, woran man feststellen kann, ob die Vorlage den neuen Bestimmungen entspricht.

Oft werden noch vorschriftswidrige Rückschlagsicherungen (Rückschlagventile, kiestopfähnliche Vorrichtungen u. dgl.) an Stelle von Wasservorlagen benutzt. Nach den bisherigen Erfahrungen des Deutschen Azetylenvereins mit derartigen **trockenen Sicherungen** entsprechen diese nicht den an Sicherheitsvorlagen zu stellenden Anforderungen und sind daher abzulehnen.

Nebeneinrichtungen. Als **Nebenteile** der Azetylenanlage sind noch zu erwähnen: Gasglocke, Wäscher, Reiniger, Trockner, Sicherheitstöpfe, Druckregler usw. Hervorzuheben ist einmal der **Wäscher**, der das erzeugte Gas kühlen und durch Waschen von Schwefelwasserstoff befreien soll; er soll auch den Rücktritt von Gas aus der Glocke zum Entwickler verhüten. Der **chemische Reiniger** sodann hat vor allem den Zweck, den Phosphorwasserstoff des Gases an chemische Präparate zu binden. Bewährt haben sich als Reinigungsmasse: Puratylen, Frankolin, Heratol und Klingerit. In neuerer Zeit wurde aber durch Versuche festgestellt, daß das jetzige Handelskarbid nur noch unschädliche Mengen Phosphorwasserstoff enthält und daß andererseits die Reiniger viel zu groß werden müßten, wenn sie bei den heute üblichen Gasgeschwindigkeiten (infolge großer Gasentnahme) Nutzen bringen sollten. Daher ist bei den Reinigern nur noch auf eine mechanische Reinigung zu achten, wozu eine Füllung des Reinigers mit Koks oder zerkleinerten Ziegelsteinen genügt.

Gelöstes Azetylen in Flaschen. Das Arbeiten mit gelöstem Azetylen (Dissousgas, Flaschengas, auch Autogas genannt) findet seit längerer Zeit schon in der Haus- und Wagenbeleuchtung, neuerdings aber erst in der Schweißtechnik größere Anwendung. Bei einem Druck von mehr als 2 at nimmt Azetylen explosive Eigenschaften an. Um es verdichtet in Flaschen verwenden zu können, ging man dazu über, Azetylen in **Azeton** (einer aus Holzkalk gewonnenen Flüssigkeit) aufzulösen. 1 l Azeton löst praktisch 24 l Azetylen. Die Lösungsfähigkeit wächst entsprechend dem Druck, so daß bei 15 at (höchster in Deutschland zugelassener Druck) 1 l Azeton 360 l Azetylen aufnehmen kann. Wenn nun auch diese Lösung wesentlich weniger explosiv ist, so wird die genügende Sicherheit gegen Explosion doch erst dadurch geschaffen, daß man die Flaschen mit einer porösen, das Azeton aufsaugenden Masse anfüllt, die die Fortpflanzung einer Explosion verhindert.

Gelöstes Azetylen wird im großen in Fabriken zunächst ebenso wie das Niederdruck-Azetylen hergestellt und dann mit Hilfe von Kompressoren in Flaschen gedrückt. Die Flaschen sind in derselben Fabrik vorher mit einer porösen Masse gefüllt, die vielfach aus Holzkohle, vermischt mit zementbildenden Stoffen (Kieselgur) und Wasser, besteht. Sie wird zu einem Brei angerührt, dann in die Flasche

gebracht und getrocknet. Darauf wird flüssiges Azeton eingefüllt. Eine betriebs-
fertige Stahlflasche von z. B. 40 l Wasserinhalt nimmt bei 15 at und 17,5° Temperatur 6000 l Azetylen von atmosphärischem Druck auf, also ebensoviel wie
die mit verdichtetem Wasserstoff oder Sauerstoff gefüllten Flaschen. Sie enthält
dann 40% Azeton und 22,5% Azetylen dem Raume nach. Der Flascheninhalt
und Verbrauch bei gelöstem Azetylen läßt sich nicht ohne weiteres durch dieselbe Rechnung, wie sie bei der Sauerstoffflasche angegeben wurde, finden. Auf
40 l Wasserinhalt der Flasche bei 1 at Druck kommen hier nicht $40 \cdot 1 = 40$ l,
sondern $40 \cdot 24 \cdot 40/100 = 384$ l Azetylen (weil die Flasche 40% Azeton enthält und
1 l Azeton 24 l Azetylen auflöst). Man erhält also den Flascheninhalt bei gelöstem
Azetylen annähernd durch Multiplikation von: Wasserinhalt × Flaschendruck × 10.

Die Flasche mit gelöstem Azetylen kann nun an beliebiger Stelle mit der
Sauerstoffflasche zusammen zum Schweißen Verwendung finden. Ein Druck-
minderventil vermindert wieder den Druck des aus dem Azeton aufsteigenden
Azetylens auf $0,2 \cdots 1,5$ at, je nach der Brennergröße; eine Wasservorlage ist
überflüssig. Der Vorteil des gelösten Azetylens gegenüber dem Niederdruck-
Azetylen besteht vor allem in der größeren Reinheit des im großen hergestellten
Gases, in der größeren Beweglichkeit der Anlage und in der vollen Verwendungs-
freiheit in Wohn- und Arbeitsräumen; ein Nachteil ist wohl nur der höhere Preis.

4. Schweißbrenner.

Brennereinteilung. Je nach den Drücken, unter denen die Gase dem Brenner
zuströmen, unterscheidet man zunächst zwischen Mischdüsen- und Injektorbrennern. Strömt das Brenngas dem Brenner unter höherem, dem Sauerstoff
annähernd gleichem Druck zu (Flaschenazetylen, Wasserstoff, Blaugas), so genügt als Mischvorrichtung für die Gase die Mischdüse (Mischdüsenbrenner,
auch Hochdruck- oder Gleichdruckbrenner genannt). Saugt der Sauerstoff aber
ein Brenngas von geringem Druck an (Niederdruckazetylen, Leuchtgas), so ist
die Mischdüse durch einen Injektor zu ersetzen (Injektorbrenner, auch Nieder-
druck- oder Saugbrenner genannt).

Als Baustoff für Schweißbrenner wird Messing, teilweise auch Leichtmetall,
für die Brennerspitzen Kupfer, Aluminiumbronze oder Messing verwendet.

Mischdüsenbrenner. Nach Öffnung der Absperrventile an den Stahlflaschen
und Einstellen der Druckminderventile auf den Arbeitsdruck, der zur Dicke des

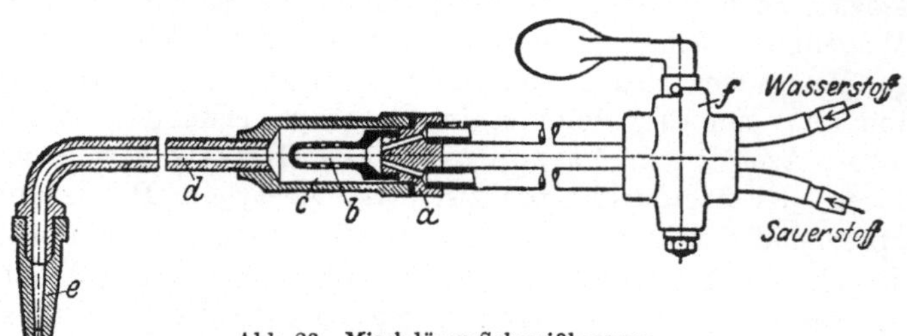

Abb. 23. Mischdüsen-Schweißbrenner.
a = Mischkopf; b = Mischdüse; c = Mischkammer; d = Gasgemischrohr; e = Düse; f = Absperrhahn.

zu schweißenden Stücks paßt, werden z. B. Wasserstoff und Sauerstoff durch die
Schlauchleitungen dem Wasserstoffbrenner zugeführt. Abb. 23 zeigt den einfachen, auch heute noch allgemein gebräuchlichen DRÄGERschen Sicherheitsbrenner.
Der Hahn f dient zum Absperren. Beide Gase treten unter spitzem Winkel bei a
und b durch feine Öffnungen in den Mischraum c, gehen gut gemischt weiter bis
in die Düsenspitze, werden beim Austritt aus dem Mundstück e angezündet und

bilden eine Stichflamme. Das Mundstück (die Spitze) ist auswechselbar, so daß ein Brenner mit 4···8 Mundstücken von verschiedenem Innendurchmesser auch innerhalb enger Grenzen, für verschiedene Blechdicken verwendbar ist.

Injektorbrenner. Der erste brauchbare Azetylen-Sauerstoff-Brenner wurde von Fouché ausgebildet. Das Azetylen trat durch eine Anzahl enger Röhren ein, um ein Zurückschlagen der Flamme zu verhüten. Da zum Schutz gegen Explosion in der Azetylenleitung stets eine Wasservorlage vorzusehen ist, sind bei dem in Abb. 24 dargestellten Brenner diese engen Röhren fortgelassen. Während die Brenner für alle unter höherem Druck zuströmenden Brenngase dem Wasserstoffbrenner (Abb. 23) ähnlich sind, müssen die Brenner für Niederdruckazetylen

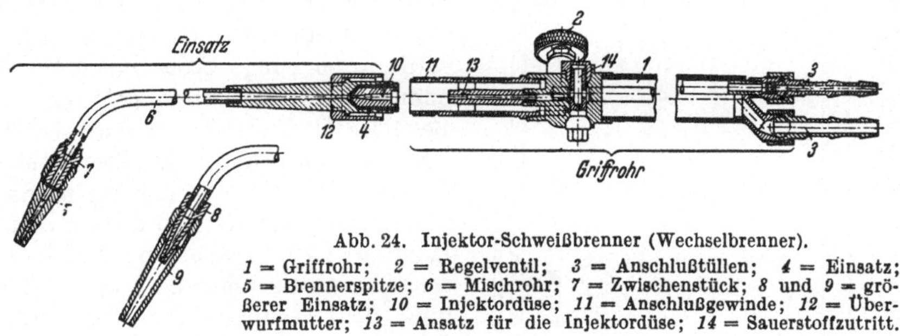

Abb. 24. Injektor-Schweißbrenner (Wechselbrenner).

1 = Griffrohr;   *2* = Regelventil;   *3* = Anschlußtüllen;   *4* = Einsatz; *5* = Brennerspitze; *6* = Mischrohr; *7* = Zwischenstück; *8* und *9* = größerer Einsatz; *10* = Injektordüse; *11* = Anschlußgewinde; *12* = Überwurfmutter; *13* = Ansatz für die Injektordüse; *14* = Sauerstoffzutritt.

(und Leuchtgas) einmal eine injektorartige Einrichtung zum Ansaugen des Brenngases durch den höher gespannten Sauerstoff haben, und zweitens muß für die Schweißung stark verschiedener Blechdicken das Vorderstück bis zum Injektor auszuwechseln sein. Man baut daher entweder Einzelbrenner (ohne Auswechslungsstück) mit geringem Blechdickenbereich oder Wechselbrenner (mit Auswechslung der Schweißdüse, d. h. der Düsenspitze und des Injektors) mit 6···8 Schweißdüsen für einen großen Blechdickenbereich. Den Schnitt durch einen Azetylen-Wechselschweißbrenner, als Injektorbrenner gebaut, zeigt Abb. 24.

Die Brenner für Hochdruckazetylen (auch für gelöstes Azetylen) sind dem Wasserstoffbrenner (Abb. 23) ähnlich. Eine Sonderbauart ist der „Framabrenner", bei dem Sauerstoff und Azetylen einer besonders konstruierten Mischeinrichtung mit Hilfe eines eigenartigen Druckminderventils unter gleichem Druck zugeführt werden. — Die Normung der Schweißbrenner beschränkt sich auf die Schlauchanschlüsse und auf die Stufung und Bezeichnung der Brenner (DIN 1901···1909).

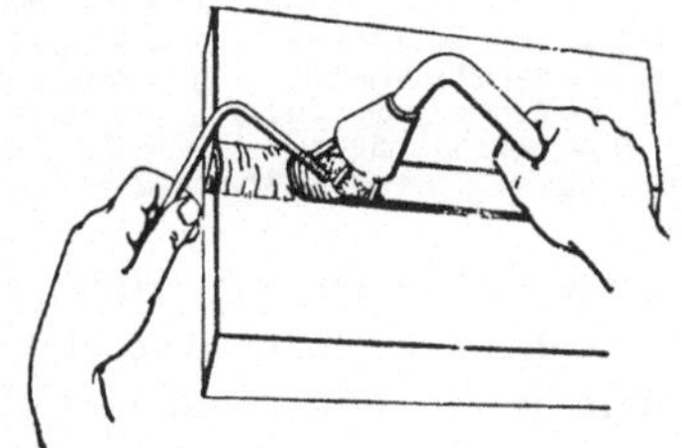

Abb. 25.
Mehrflammen-Handschweißbrenner.

Mehrflammenbrenner. Die Bestrebungen, die Schweißleistungen bei gleichzeitiger Verbesserung der Güte der Schweißnaht zu steigern, haben neben der Einführung der Nachrechtsschweißung (s. später) die Ausbildung von Mehrflammenschweißbrennern (Abb. 25) ergeben in der Anordnung von 2 oder 3 getrennten Flammen (bei Maschinenschweißung bis zu 10 Flammen und mehr) in einem Mundstück des Brenners hintereinander. Erzielt wird eine wesentliche Steigerung der Schweißgeschwindigkeit und hierdurch und durch die geringere Wärmewirkung auf die Nachbarzonen der Schweißstelle gleichzeitig eine Verbesserung der Schweißnahtgüte.

Maschinenschweißung. Selbsttätig geführte Schweißbrenner sind seit langem bei der Schweißung dünner Röhren, neuerdings bis etwa 90 mm Durchmesser und 5 mm Wanddicke, in Gebrauch. Der Mehrflammenschweißbrenner ergibt hierbei eine besonders starke Leistungssteigerung.

5. Das Benzol-Schweißverfahren.

Die jetzt im Handel befindliche Benzolschweißeinrichtung — auch nach dem Erfinder FERNHOLZ-Apparat genannt — gibt Abb. 26 wieder. Der Sauerstoff wird aus der Sauerstoffflasche A nach Öffnen des Verschlußventils B und Einstellen des Druckminderventils C auf etwa 3 at Druck (bei allen Schweißungen gleich) durch den Gummischlauch f dem Schweißbrenner E zugeführt. Der flüssige Brennstoff, Handelsbenzol mit etwa 90 % Benzolgehalt, befindet sich in einem Behälter D, der zu $^2/_3$ gefüllt ist, und wird durch einige Stöße einer Handluftpumpe g unter Druck gebracht. Vom Behälter D führt dann eine als Metallschlauch um den Gummischlauch (für Sauerstoff) gewickelte Leitung h das Benzol zum Brenner E. An diesem dient das Handrad i zur Absperrung und Regelung des Sauerstoffs und das Rad k zur Regelung des Benzols. Die Vergasung des Benzols geht im vorderen Teil l des Brenners vor sich unter Einwirkung einer Hilfsflamme, die bei m entzündet wird. Sauerstoff und gasförmiges Benzol mischen sich dann in der Brennerspitze n. Bei Inbetriebsetzung muß der Brenner auf ein Anheizgestell gelegt und etwa 5 min mit Hilfe einer kleinen Spirituslampe an der Vergaserstelle l erhitzt werden. Dann öffnet man zuerst das Handrad i (für den Sauerstoff), darauf Handrad k (für Benzol), zündet die kleine Hilfsflamme bei m an und dann erst die Schweißflamme, die der Azetylenflamme ähnlich ist. Nach Beendigung der Arbeit wird zuerst der Brennstoff (Handrad k) und

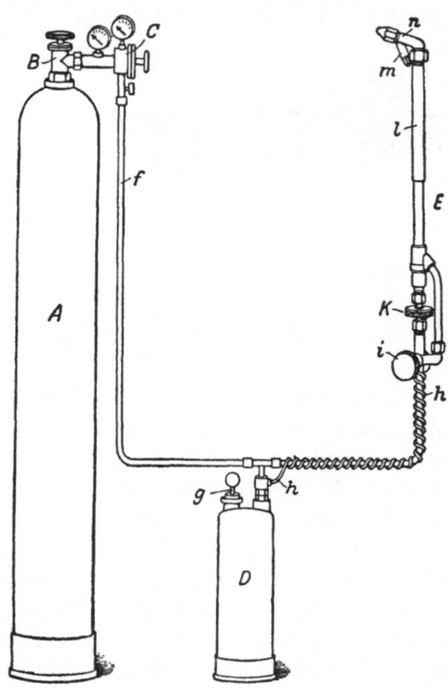

Abb. 26. Benzol-Schweißeinrichtung.

A = Sauerstoffflasche; E = Schweißbrenner;
B = Verschlußventil; f = Sauerstoffschlauch;
C = Druckminderventil; g = Handluftpumpe;
D = Benzolbehälter; h = Benzolschlauch;
$i-n$ = Brennerteile.

dann der Sauerstoff (Handrad i) abgestellt. Soll der Brenner bald wieder gebraucht werden, so legt man ihn auf das Anheizgestell, wo eine kleine Spiritusflamme ihn warm und betriebsbereit hält.

Das Verfahren ist sowohl zum Schweißen für Blechdicken bis etwa 10 mm wie zum Hartlöten und zum Schneiden zu gebrauchen. Da die Temperatur der Benzolflamme etwa 2500° beträgt, ist die Azetylenschweißanlage aber leistungsfähiger. Bei Temperaturen unter 4° erstarrt das Benzol. Man muß sich dann durch Benzinzusatz helfen oder kann in solchen Fällen das Verfahren nicht anwenden.

6. Das Leuchtgas- und das Methan-Schweißverfahren.

Ein Gemisch von Leuchtgas und Sauerstoff ergibt eine Stichflamme von etwa 2000° Temperatur. Es ist daher nur möglich, Blechdicken bis etwa 6 mm autogen mit Leuchtgas zu schweißen. Ferner enthält aber auch das gereinigte Leuchtgas noch Schwefelverbindungen, die auf die Güte der Schweißnaht ungünstig einwirken. Die Leuchtgasschweißung wird daher nur selten benutzt, ist überdies auch wirtschaftlich den meisten übrigen Verfahren unterlegen, obwohl die Einrichtung sehr einfach ist (Sauerstoffflasche mit Zubehör, Leuchtgaszuleitung mit Wasservorlage, Schläuche, Brenner). Die Leuchtgasflamme ist der Wasserstoffflamme ähnlich.

Methan (Grubengas) wird in Flaschen unter 150 at Druck in den Handel gebracht und entweder rein oder mit Azetylen gemischt zum Schweißen benutzt. Reines Methan gibt nur eine Flammentemperatur von etwa 2000° und ist daher wenig zum Schweißen geeignet.

7. Das Schweißzubehör.

Leitungen. Über Azetylenrohrleitungen sind in der Anlage zu den Technischen Grundsätzen für den Bau und die Aufstellung von Azetylenanlagen der Azetylenverordnung Anweisungen gegeben. Für Azetylenleitungen darf Kupfer nicht verwendet werden. Sauerstoffleitungen können aus Kupfer- oder Stahlrohr hergestellt sein.

Schläuche. Sie müssen aus bestem Gummi mit Hanfeinlage angefertigt werden. Die Normen (DIN 1901) sehen als Mindestwanddicke 2,5 mm, als lichte Schlauchweite für Sauerstoff 6, für Brenngase 9 und 11 mm (diesen Wert bei hohem Verbrauch) vor. Um Verwechslungen vorzubeugen, ist es zweckmäßig, Schläuche mit bestimmten Farben (Brenngas rot, Sauerstoff grau) zu wählen. Die Schläuche sind an den Anschlußstücken des Druckminderventils und des Brenners durch geeignete Schlauchklemmen zu befestigen.

Brillen (DIN 4644···4647). Notwendig ist eine mit dunklen Gläsern versehene Schutzbrille, die als feste Muschelbrille oder auch hochklappbar, und zwar mit grünen oder grauen Gläsern ausgeführt wird. Seitenschutz an der Brille ist vorteilhaft.

Sonstiges Zubehör. Zum Reinigen der Düsenbohrungen an Schweißbrennern soll man Reinigungsnadeln aus Messing nehmen. Schraubt man die Spitze ab, so kann man auch kegelige Reibahlen verwenden, wenn man sie von innen nach außen durchführt. Für die Schweißung von Massenteilen bedient man sich eines Schweißtisches aus Winkeleisen oder dergleichen, der mit Schamottesteinen ausgelegt wird. Für Zink-, Blei-, Messing- und Bronzeschweißungen ist wegen der zum Teil giftigen Dämpfe ein Respirator (Atmungsmaske) erforderlich. Gegen große Hitze nimmt man Asbesthandschuhe und Asbestschürzen. Zum Anwärmen von Gußkörpern sind Muffelöfen oder andere Glühöfen vorzusehen.

Schweißdraht. Die Stahlschweißdrähte haben 1···8 mm Durchmesser und 500···1000 mm Länge. Bis 5 mm nimmt man je mm Blech 1 mm Drahtdurchmesser, bei dickeren Blechen nur 1/1,5···1/2,5 der Blechdicke als Drahtdurchmesser (also z. B. für 3 mm Blech: 3 mm Draht, 10 mm Blech: 6 mm Draht, 20 mm Blech: 8 mm Draht). In der DIN-Vornorm 1913 sind 2 Sorten Verbindungsdrähte G 34 und G 37 — worin G = Gasschweißung, 34 = 34 kg/mm² Mindestzugfestigkeit bedeuten — und 5 Sorten Auftragsdrähte Ga 150 ··· Ga 500 — worin 150 usw. die Brinellhärte in kg/mm² bedeuten — aufgeführt. Gewöhnlicher Stahlschweißdraht hat etwa 0,05···0,15% C, 0,3···0,6% Mn, höchstens 0,08% Si, 0,04% P und 0,03% S. Verlangt man höhere Festigkeit, so sind C, Mn und Si zu steigern auf 0,15···0,25% C, 0,6···1,0% Mn und 0,1···0,2% Si. Zum Schweißen von Grundwerkstoffen von 42···60 kg/mm² Zugfestigkeit und mehr sind dem Draht Sonderzusätze von z. B. Kupfer, Chrom, Nickel, Molybdän usw. zu geben. Zur Erzielung der erforderlichen Härte bei Auftragschweißdraht gibt man höheren Gehalt an Kohlenstoff (bis 1%) und unter Umständen Zusätze von Wolfram (1,5%) und Chrom (1%). Verschleißfeste Schweißen ergibt Manganstahldraht (1,5% C und 14% Mn).

Gußschweißstäbe haben 3···15 mm Durchmesser und 400···1000 mm Länge. Sie erfordern hohen Kohlenstoff- und Siliziumgehalt, weil beide Bestandteile aus der Schmelze verdampfen oder oxydieren und in die Schlacke übergehen. Zusammensetzung daher etwa 3···3,6% C, 3···3,8% Si, 0,5···0,8% Mn, bis 0,8% P, bis 0,1% S (s. auch DIN-Entwurf 1 E 2301).

Schweißdrähte für Nichteisenmetalle sind im allgemeinen aus demselben Werkstoff wie das Schweißstück. Bei Kupfer eignet sich allerdings reiner Elektrolytkupferdraht nur für dünne Bleche. Sonst werden Sonderdrähte verwendet, die vor allem der Oxydbildung und Gasaufnahme entgegenwirken (Zusätze von Phosphor, Silber, Nickel, Silizium, Mangan, Titan u. a.). Eine DIN-Vornorm für Kupferschweißdrähte sieht u. a. als Höchstgrenze für Kupferbeimengungen vor: 0,5% Arsen, 0,08% Phosphor, 0,03% Blei, 0,03% Eisen und 0,03% Sauerstoff.

Schweißpulver (Flußmittel). Ohne Schweißpulver sind gasschweißbar: weicher Stahl, Stahlguß (Weichkupfer, Blei, Silber, Gold, Platin). Mit Schweißpulver schweißt man: Gußeisen, Temperguß, Sonderstähle, Kupfer, Messing, Bronze, Aluminium, Nickel. Im allgemeinen ist man auf den Bezug der meist pulverförmigen Schweißmittel von den Patentinhabern bzw. von den mit der Herstellung betrauten Firmen angewiesen. Da das Schweißpulver vor allem Metalloxyde lösen und mit diesen eine leicht schmelzbare Schlacke bilden soll, gibt es „Universalschweißpulver" nicht! Das einfachste Flußmittel ist Borax. Für Al und Al-Legierungen sind am bekanntesten Autogal und Firinit.

8. Behandlung der Einrichtungen und Werkzeuge für die Gasschweißung.

Stahlflaschen. Schutzkappe abnehmen. — Nachsehen, ob Handrad am Flaschenventil gut geschlossen ist. — Seitlich von der Flasche, nie vor dem Ventilauslaß Stellung nehmen. — Verschlußmutter lösen und Gas kurz abblasen lassen. — Druckminderventil anschrauben. — Flaschenventil langsam um eine volle Drehung am Handrad öffnen und Dichtheit des Ventils prüfen. — Nach Arbeitsende Flaschenventil schließen. — Fett und ölhaltige Stoffe und Dichtungen den Ventilen fernhalten. — Flaschen nicht werfen und vor Umfallen und vor Wärme schützen.

Druckminderventile. Schraube für die Einstellung des Arbeitsdrucks zurückschrauben, bis die Feder entlastet ist. — Flaschenventil langsam öffnen. — Drosselventil öffnen und Arbeitsdruck durch Rechtsdrehen der Reglerschraube einstellen. — Bei kürzerer Pause Drosselventil schließen, bei längerer Pause Flaschenventil schließen und Reglerschraube zurückdrehen. — Öl und fetthaltige Stoffe vom Ventil fernhalten. — Eingefrorene Ventile durch warmes Wasser auftauen. — Am Sicherheitsventil nichts verstellen.

Azetylenentwickler. Offenes Feuer und Licht muß mindestens 3 m vom Entwickler entfernt sein. — Ortsfeste Anlagen mit mehr als 10 kg Karbidfüllung müssen in besonderen, den gesetzlichen Bestimmungen entsprechenden Räumen untergebracht sein. — Entwickler waagerecht stellen. — Bei Inbetriebsetzung zuerst alle hierzu vorgesehenen Gefäße mit Wasser füllen, dann Füllung mit Karbid. — Erstes Gas-Luft-Gemisch vorsichtig ins Freie lassen. — Entwickler zeitweise entschlammen und Schlamm nicht in Kanäle ablassen. — Beschwerung der Gasglocken zur Erhöhung des Drucks ist untersagt. — Instandsetzung nur von Fachleuten ausführen lassen. — Eingefrorene Entwickler nur mit heißem Wasser auftauen. — Prüfung der einzelnen Teile und Rohrleitungen auf Dichtheit nur durch Einpinseln mit Seifenwasser, keinesfalls durch Ableuchten.

Sicherheitsvorlage. Vorlage vor Arbeitsbeginn und täglich mehrmals auf den vorgeschriebenen Wasserstand am Prüfhahn prüfen. — Vorlage ist richtig mit Wasser gefüllt, wenn bei geschlossenem Gaszutritts- und geöffnetem Gasaustrittshahn Wasser aus dem Prüfhahn abläuft. — Wenn zuviel Wasser, dies stets am Prüfhahn ablaufen lassen. — Monatlich ganze Vorlage inwendig reinigen und prüfen. — Instandsetzungsarbeiten an der Vorlage nur außer Betrieb vornehmen.

Schweißbrenner. Brenner niemals stoßen oder werfen. — Bei Brennern für Wasserstoff, Leuchtgas und flüssige Brennstoffe zuerst Brenngas allein entzünden und dann Sauerstoff zugeben. — Beim Absperren dieser Brenner umgekehrt erst den Sauerstoff und dann das Brenngas abstellen (bei Doppelhähnen werden beide Gase gleichzeitig abgestellt). — Dagegen die Azetylenflamme gleich mit Sauerstoffzufuhr entzünden. — Hat der Azetylenbrenner keinen Doppelhahn, so ist zuerst der Azetylenhahn und dann der Sauerstoffhahn zu schließen. — Bei Flammenrückschlag ins Brennerinnere oder Knattern ist die Gaszufuhr sofort abzusperren und der Brenner durch Eintauchen in Wasser zu kühlen. — Mit der Schweißflamme vorsichtig umgehen, niemals mit dem Brenner herumfuchteln. — Undichtigkeiten am Brenner sofort beseitigen, undichte Hähne nachschleifen und mit Hahnfett versehen. — Verstopfte Düsenbohrungen entweder von außen durch ein kegeliges Rundholz oder Messingnadeln oder von innen (nach Abschrauben der Spitze) durch eiserne Nadeln reinigen. — Aufgeriebene Düsenbohrungen durch vorsichtiges Stauchen und nachheriges, sorgfältiges Aufreiben instand setzen, stark ausgeweitete Spitzen durch neue ersetzen. — Metallspritzer an der Spitze durch Schlichtfeile oder Schmirgelleinen entfernen.

Karbidtrommeln. Mengen von mehr als 100 kg in besonderen Lagerräumen aufbewahren. — Karbidlager der Ortspolizeibehörde anzeigen. — Beim Öffnen der Trommeln keine funkenreißenden Werkzeuge verwenden. — Geöffnete Trommeln mit übergreifenden Deckeln abdecken (gegen Feuchtigkeit). — Nicht Karbid mit feuchten Händen entnehmen oder feuchte Karbidstücke in die Trommeln zurücklegen. — Nie in geöffnete, auch nicht in geleerte Trommeln mit offenem Licht hineinleuchten.

Karbidschlamm. Karbidschlamm enthält noch Azetylen, darf daher nicht in der Werkstatt bleiben, auch nicht in die Kanalisation geschüttet werden. Er wird am besten in eine besondere Schlammgrube (im Freien) gebracht. — Die Schlammgrube muß offen und ohne Dach sein. — Der in der Grube geklärte Kalkschlamm kann zum Weißen, zum Mauern, zur Wasserenthärtung und auch zur Bodenbearbeitung verwendet werden.

III. Die Technik der Gasschweißung.

A. Die Schweißflamme.

Allgemeines. Eine Schweißflamme entsteht durch Verbrennung eines Brenngas-Sauerstoff-Gemisches an der Luft. Je nachdem, ob dem Brenngas nicht genügende oder genügende Mengen Sauerstoff zugeführt werden, ist diese Verbrennung unvollständig oder vollständig. Bei unvollständiger Verbrennung sind also in der Schweißflamme noch unverbrannte Gase, die sich mit dem Sauerstoff der die Flamme umgebenden Luft verbinden, ihr also Sauerstoff entziehen (Reduktionsvorgang). Die Flamme ist in diesem Fall eine reduzierende. Hat aber die Flamme zuviel Sauerstoff, so ist sie eine **oxydierende Flamme**. Sie gibt beim Schweißen Sauerstoff an die Schweißstelle ab, was nur schädlich wirken kann.

Die Wasserstoff-Sauerstoff-Flamme. Um ein Zurückschlagen der Flamme in den Brenner hinein zu verhüten, ist es zweckmäßig, die Zündgeschwindigkeit (d. h. die Geschwindigkeit, mit der sich die Entzündung in einem ruhenden Gasgemisch fortpflanzt) herabzusetzen. Man erreicht dies und zugleich auch die Bildung einer reduzierenden Flamme dadurch, daß man das Mischungsverhältnis Wasserstoff zu Sauerstoff nicht 2:1 nimmt, wie es der vollständigen Verbrennung entsprechen würde, sondern etwa 4:1 bis 5:1; man arbeitet also mit reichlichem Wasserstoffüberschuß. Praktisch macht man dies durch Regeln der Flamme, die einen scharf umrissenen, gelblich leuchtenden Kegel zeigen soll. Dieses Regeln ist aber schwierig; ein auf der Schweißfläche erscheinender dunkler Punkt ist das Merkmal dafür, daß der Flammenkegel zu nahe an den Werkstoff gekommen ist. Die bei Wasserstoff erzielbare Flammentemperatur beträgt etwa 2100⁰.

Die Azetylen-Sauerstoff-Flamme. Wie Abb. 27 zeigt, findet an der Brennermündung zunächst eine unvollständige Verbrennung statt. Nach der chemischen Gleichung: $C_2H_2 + 2O = 2CO + H_2$ entstehen aus Azetylen und etwa gleichen Mengen Sauerstoff die noch brennbaren Stoffe Kohlenoxyd und Wasserstoff. Diese verbrennen dann mit dem Sauerstoff der die Flamme umgebenden Luft — also auch hier eine reduzierende Flamme — nach der Gleichung: $2CO + H_2 + 3O = 2CO_2 + H_2O$ zu Kohlensäure und Wasser. Die erzielbare Flammentemperatur beträgt etwa 3100⁰. Der Flammenkern leuchtet

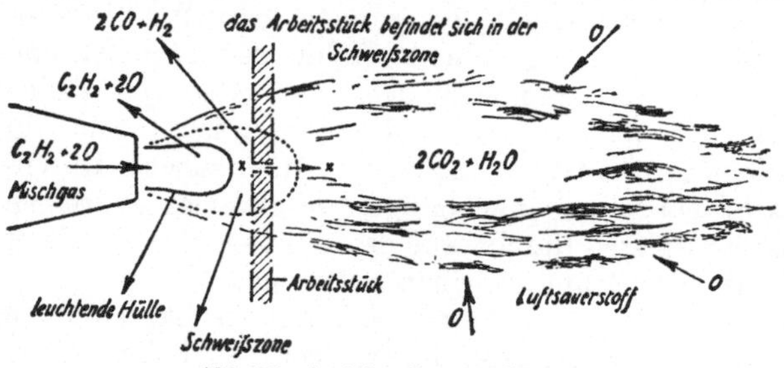

Abb. 27. Azetylen-Sauerstoff-Flamme.

blendend weiß. Die Flammenhülle hat ein violettes Aussehen und flackert stark. Bei der richtigen Mischung zwischen Azetylen und Sauerstoff ist der weiße Flammenkern scharf umrissen (**neutrale Flamme**). Bei Azetylenüberschuß wird der Flammenkern länger und zerflattert. Da dann der nichtverbrannte Kohlenstoff in die Schweiße übergeht, wird diese hart und spröde. Anwendung also nur ausnahmsweise, z. B. bei hochgekohlten Stählen, um den durch Oxydation verlorengegangenen Kohlenstoffanteil zu ersetzen. Bei **Sauerstoffüberschuß** verkürzt sich der Flammenkern, wird spitzer und etwas bläulich-violett. Es entstehen oxydische Schlackeneinschlüsse in der Schweiße, und diese wird entkohlt. Anwendung daher auch nur ausnahmsweise, z. B. bei der Messingschweißung, um ein Ausdampfen des Zinks zu verhüten.

Die **Flammenhaltung** ist richtig, wenn der Flammenkern 2···5 mm (je nach Flammengröße) von der Werkstoffoberfläche entfernt ist. Die **Flammengröße** ist richtig, wenn beide Schweißfugenkanten und der Schweißdraht zugleich schmelzen. Im allgemeinen soll möglichst schnell geschweißt werden, damit das Schweißbad nicht zu lange den Flammengasen und der Luft ausgesetzt ist. Bei einer zu großen Flamme aber kann der Schweißer schwer den Schweißfluß beherrschen, so daß dann leicht ungebundene Stellen entstehen.

B. Die Führung des Schweißbrenners.

Die Brennerspitze bildet normalerweise mit der Oberfläche des Schweißstücks einen Winkel von 45⁰ (Anstellungswinkel); dabei wird der Brennerschaft waagerecht bzw. parallel zur Schweißfläche geführt. Bei Blechen von weniger als 1 mm Dicke wird aber der Anstellungswinkel zweckmäßig kleiner als 45°, bei Blechdicken von mehr als 4 mm größer als 45° genommen. Der Brenner wird, vom Standort des Schweißers aus gesehen, von rechts nach links meist in pendelnder Bewegung über beide Schweißkanten hinweggeführt (Nachlinksschweißung), während der Schweißstab geradlinig vor dem Brenner hinbewegt wird (Abb. 28

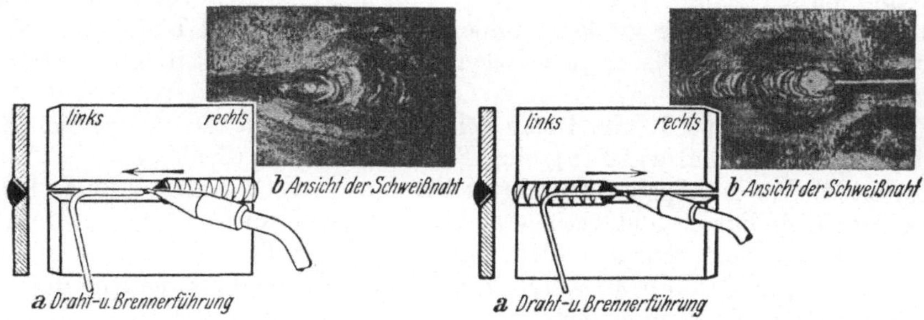

Abb. 28. Nachlinks- und Nachrechtsschweißung.

links). Demgegenüber ist man im letzten Jahrzehnt, wie bereits früher versucht dazu übergegangen, in umgekehrter Richtung zu schweißen. Man führt den Brenner geradlinig von links nach rechts, den Schweißstab aber pendelnd hinter dem Brenner her (Nachrechtsschweißung, Abb. 28 rechts). Die geradlinige Führung bei steiler Haltung des Brenners erfordert einen kleineren Winkel der Schweißfuge als bei der Nachlinksschweißung, ergibt aber hierdurch und durch das schnellere Aufschmelzen der Fuge sowohl eine Zeit- wie eine Gasersparnis bei dickeren Blechen. Hieraus folgen wiederum weniger breite Erwärmungszonen der Bleche, wie Abb. 28 deutlich zeigt — damit geringere Verwerfungen — und auch günstigere Festigkeitsergebnisse der Schweiße. Der Durchbrenngefahr und der nicht mehr merklichen oder nicht mehr vorhandenen Zeitersparnis wegen bleibt man aber bei Blechen unter etwa 4···5 mm Dicke zweckmäßig bei der Nachlinksschweißung, ebenso bei senkrechten Nähten und bei der Überkopfschweißung.

C. Die Vorbereitung der Werkstücke.

Stumpfschweißungen. Bleche von weniger als 1 mm Dicke sind zweckmäßig an den zu schweißenden Enden abzubördeln (Abb. 29 a); der Bord $c = 1 \cdots 1{,}5$ mm wird dann ohne Zusatzwerkstoff niedergeschmolzen; das Blech wirft sich viel weniger als bei der Stumpfschweißung so dünner Bleche. Bleche von etwa 1···3 mm Dicke werden stumpf geschweißt (b), am besten mit einem Abstand d von $^1/_4$ der Blechdicke zwecks gründlicheren Durchschweißens. Bei Blechen von etwa 4 bis 15 mm Dicke schrägt man die Kanten durch Ausmeißeln oder Abhobeln um je 30···35° ab (d). Die entstandene Schweißmulde wird mit Schweißdraht ausgefüllt,

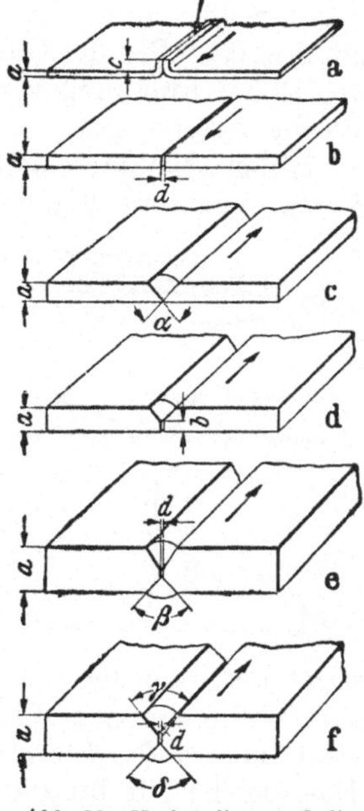

Abb. 29. Vorbereitungsarbeiten bei Blechschweißungen.

was man meist auch schon bei nach b vorbereiteten Blechen macht. Die Ausführungsform c ist als unzweckmäßig zu bezeichnen, weil die unteren scharfen Blechkanten leicht überhitzt oder verbrannt werden; man soll nach d nur auf $^3/_4$ der Blechdicke abschrägen (also $b = {}^1/_4\, a$). Bei Blechdicken über 15 mm (mindestens aber von 20 mm ab) muß man die Bleche doppelseitig abschrägen (e); bei senkrecht stehenden Blechen kann man dann von beiden Seiten (mit 2 Brennern) gleichzeitig schweißen. Die Abschrägungswinkel β betragen 50···70°, der Schweißspalt d wird 2···3 mm breit genommen. Wenn nicht beiderseitig gleichzeitig geschweißt werden kann, wird nach f ein ungleicher X-Stoß vorgesehen. Dann schweißt man zuerst die größere Mulde ($\gamma = 60···70°$) und hinterher erst die Gegenseite ($\delta = 40···50°$). In den Fällen d, e und f wird fast immer die Rechtsschweißung benutzt.

Für Bleche bis etwa 10 mm Dicke sieht die schwedische AG. Gasaccumulator, Stockholm, eine Tiefschweißung ohne Blechabschrägung (Spaltbreite$={}^1/_3$ Blechbreite) mit tief in den Spalt eingeführter Flamme vor. Ob hierdurch eine höhere Schweißgeschwindigkeit und geringerer Gasverbrauch sowie gleich gute Durchschweißung wie sonst erzielt werden, liegt noch nicht fest.

Bei ungleich dicken Blechen muß man sich dadurch helfen, daß man beim Schweißen der stumpf aneinander gestoßenen Bleche die Flamme auf die dickere Werkstoffkante hält; sonst würde das dünnere Blech wegschmelzen, ehe das dickere genügend erhitzt ist.

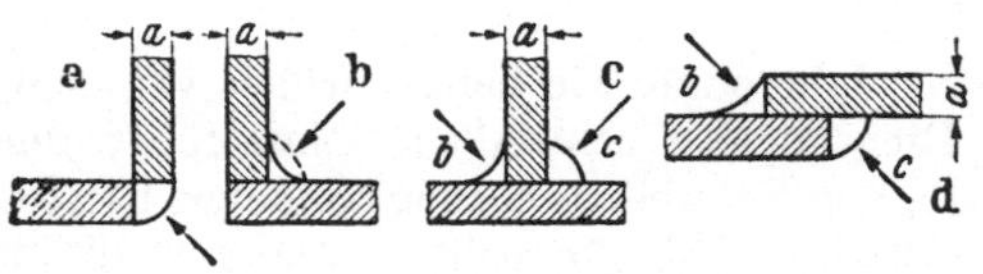

Abb. 30. Winkelstöße und überlappte Stöße.
b = leichte Kehlnaht; c = volle Kehlnaht.

Winkelstöße und überlappte Stöße. Die wichtigsten Winkelstöße zeigt Abb. 30 unter a, b und c. Die an das Innere des Winkelstoßes verlegte Schweißung wird als Kehlnaht bezeichnet (b). Die doppelseitige Kehlnaht (c) setzt den T-Stoß voraus. Der bei d gezeigte überlappte Stoß wird meistens elektrisch geschweißt. Bei der Gasschweißung kommt er nur bei dickeren Blechen und bei der Rohrschweißung vor. Bei dünneren Blechen wäre ein starkes Verwerfen der Bleche zu erwarten.

Hilfsmaßnahmen bei Spannungen. Beim Schweißen werden die Spannungen durch Wärmeausdehnung oder Schrumpfung der Schweiße bzw. des Werkstoffs verursacht, insbesondere dann, wenn der Werkstoff eingespannt ist. Aber auch bei freiliegenden Blechen entstehen durch das Schweißen Spannungen, die sich als Verwerfungen äußern. Abb. 31 zeigt bei a, wie bei einer Auftragsschweißung durch Schrumpfen eine Verbiegung des Blechs eintritt, der man durch eine Vorbiegung des Blechs in entgegengesetzter Richtung wie bei b entgegenwirken kann. Beim V-Stoß c biegen sich die Bleche um den Winkel α. Diese Verformung kann man ausgleichen, indem man nach d die Bleche in dem zu erwartenden Winkel schräg zueinander legt. Das gleiche gilt für die Kehlnaht bei e.

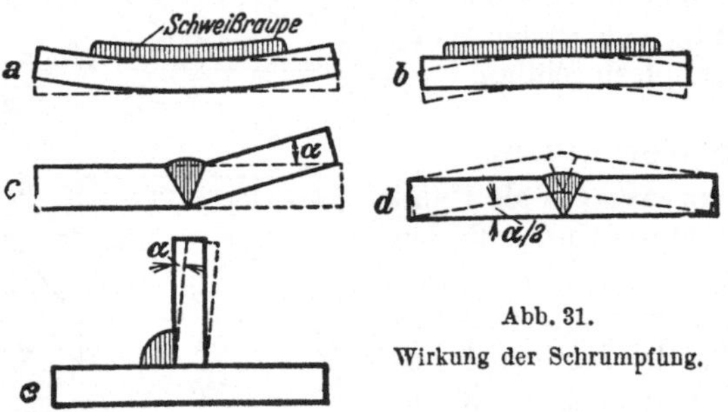

Abb. 31.
Wirkung der Schrumpfung.

Wenn man, insbesondere bei der Nachlinksschweißung, zwei stumpf zusammenzuschweißende Bleche auf ihre ganze Länge parallel legen wollte, so würden sich die Bleche infolge der Schrumpfung der Längsnaht übereinanderziehen. Man sieht deshalb bei dünneren Blechen ein Heften in Abständen von

$50\cdots100$ mm vor und kann außerdem schrittweise oder sprungweise schweißen. Bei dickeren Blechen arbeitet man zweckmäßig mit einem Keilspalt (Abb. 32). Die Größe des Spaltes a beträgt $3\cdots6\%$ der Nahtlänge l. Um den Schlitz offenzuhalten, benutzt man einen Keil d, der zunächst im Abstand x eingeklemmt und dann weiter vorgeschoben wird. Verwindungen der Blechränder werden durch Ansetzen von Rundeisen als Hebel e abgestellt. Bei der Nachrechtsschweißung ist wegen der günstigeren Schrumpfungsverhältnisse im allgemeinen kein Schweißspalt erforderlich.

Über die Behebung der Spannungen bei fest eingespannten Schweißnähten (Dampfkesselschweißungen usw.) wird im Abschnitt IV gesprochen. Ist es nicht möglich, durch geeignete Maßnahmen Schrumpfspannungen zu vermeiden, so muß das ganze Schweißstück sofort nach Beendigung der Schweißung etwa $^1/_2$ Stunde lang bei 600 bis 650° spannungsfrei geglüht werden.

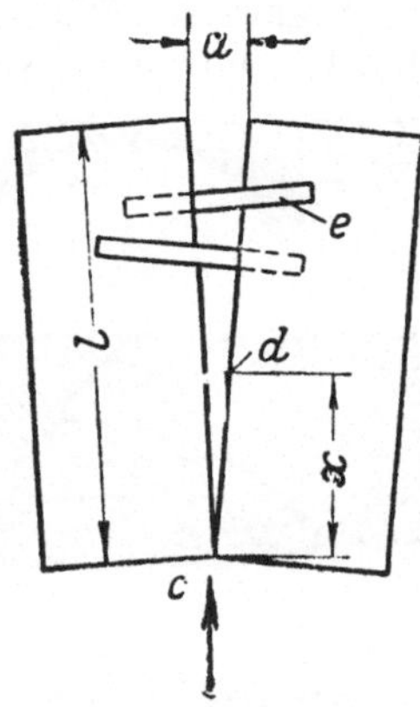

Abb. 32. Hilfsmittel zum Ausgleich der Wärmedehnungen.
a = Keilspalt; d = Keil; e = Hebel.

D. Die Schweißnaht.

Aussehen. Im Querschnitt soll die Schweißnaht dünnerer Bleche etwa die Form a in Abb. 33 I haben. Der Querschnitt Ib ist zu schwach, der Querschnitt Ic kommt für dickere Bleche (Nachrechtsschweißung) in Frage. Denkt man sich die Schweißnaht längs durchschnitten, so ist die Nahtstrecke IIa am besten, weniger gut ist IIc und am schlechtesten das geschwächte Stück IIb. Gleichmäßige Flammenführung und Arbeitsgeschwindigkeit ergeben ein immer gleichbleibendes Anlauffarbenband ($IIIx$). Eine Verbreiterung ($IIIa$) läßt auf zu langes Verharren der Flamme an dieser Stelle schließen, eine Einschnürung b auf zu große Schweißgeschwindigkeit und nicht genügendes Durchschweißen.

Schweißfehler. Einige wesentliche Fehler gibt Abb. 34 wieder. Bei I zeigt die Kerbe im Grund, daß nicht genügend durchgeschweißt ist trotz der kräftigen Nahtüberhöhung a. Der Fehler kann durch

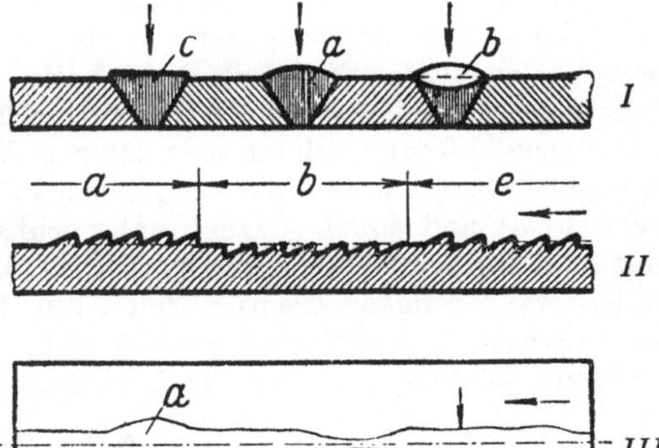

Abb. 33. Aussehen der Schweißnaht.
I = Querschnitt; II = Längsschnitt; III = Ansicht von oben.

behoben werden. Fehlerhaft und ungünstig sind auch die Kerben II. Bei III ist der den noch ungeübten Schweißern oft unterlaufende Fehler gekennzeichnet, die Flamme zu sehr auf die eine Blechkante zu halten, wodurch die andere unverbunden bleibt.

Schweißung einer Gegenlage b (Kappnaht) hinsichtlich der Festigkeit (insbesondere bei Dauerbeanspruchung) ungünstig

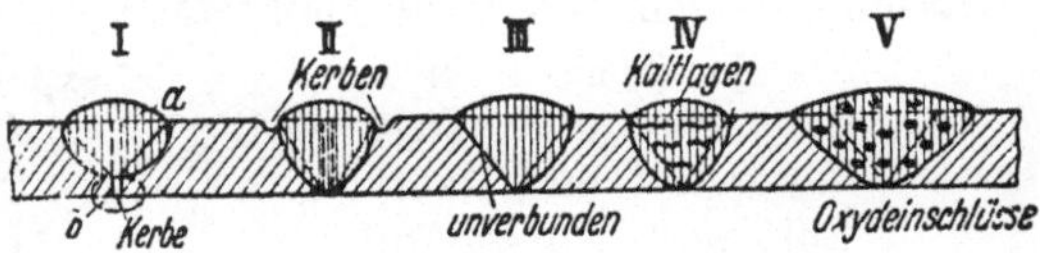

Abb. 34. Schweißfehler bei Stumpfnähten.
a = Nahtüberhöhung; b = Kappnaht.

Kaltlagen bilden sich nach IV, wenn bei der Nachlinksschweißung das flüssige Metall in der Fuge vorläuft oder wenn in mehreren Lagen geschweißt

und die unterliegende nicht genügend verflüssigt wird. Oxydeinschlüsse (V)
entstehen durch zu geringe Arbeitsgeschwindigkeit oder durch zu große bzw.
falsch eingestellte Flammen.

Senkrechte Flächen und Überkopfschweißung. Das Schweißen an senkrechten
Flächen und über Kopf kommt fast nur bei Ausbesserungsarbeiten in Betracht,

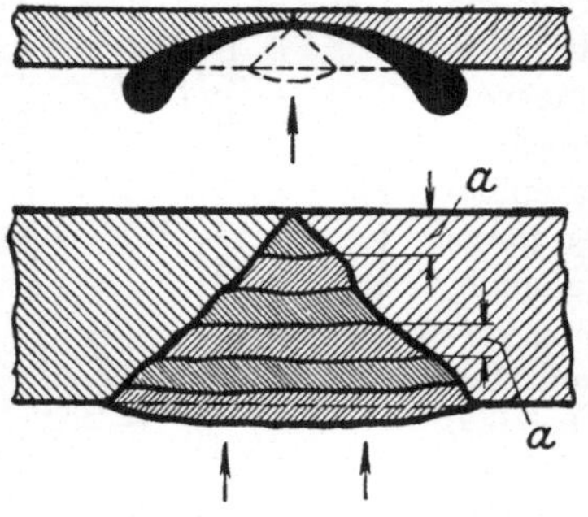

Abb. 35. Überkopfschweißung.

a = Schweißlagen.

weil dort die Schweißstelle oft schlecht zugäng-
lich ist oder weil das Schweißstück nicht in die
waagerechte Lage gebracht werden kann. Solche
Schweißungen sind aber besonders schwierig; sie
können nur von einem ganz geübten Schweißer
ausgeführt werden. Beim Gasschweißen ist alsdann die richtige Haltung des Brenners bzw. der
Flamme von ausschlaggebender Bedeutung. Durch
richtige Bewegung der Flamme und Ausnutzung
ihrer Ausströmkraft wird der Stahl angepreßt und
vor dem Abfließen geschützt. Abb. 35 zeigt z.B.
oben, wie es beim Überkopfschweißen leicht zum
Abtropfen geschmolzenen Eisens kommen kann
(Pfeil = Brennerrichtung). In derselben Abbil-
dung unten sehen wir die richtige Auftragung des Werkstoffs in nicht allzu dicken
Schichten a, weshalb auch die Blechränder bis oben hin abgeschrägt sein können.
Dazu gehört sorgfältiges Verhämmern jeder Schicht in Weißglut.

Nachbehandlung der Schweiße. Ein mindestens halbstündiges Glühen bei
600···650⁰ (Spannungsfreiglühen) gleicht die etwa vorhandenen Spannungen
aus. Ein Glühen bei 800···900⁰ (Normalglühen) verfeinert das Korn und verbessert damit die Festigkeitseigenschaften. Längere Zeit über 900⁰ erhitzte
Schweißen werden überhitzt (Kornvergrößerung, Verschlechterung der Festigkeitseigenschaften). Erhitzt man längere Zeit auf 1200···1400⁰ — die höhere
Zahl gilt jeweilig für den weichen, kohlenstoffarmen Stahl —, so wird die Schweiße
verbrannt und damit gänzlich unbrauchbar. Ein Warmhämmern (bei Rotglut bzw. Weißglut) ergibt eine Kornstreckung und Gefügeverdichtung und damit
verbesserte Festigkeitseigenschaften. Ein Kalthämmern ist im allgemeinen
unvorteilhaft, da die Schweiße spröder und empfindlicher für Korrosionen (Rosten)
wird, und kommt daher nur für Ausrichtarbeiten in Betracht.

E. Unfallverhütung.

Zu beachtende Vorschriften. Verordnung über die Herstellung, Aufbewahrung
und Verwendung von Azetylen, sowie über die Lagerung von Kalziumkarbid
(Azetylenverordnung) — Verordnung über den Verkehr mit verflüssigten und
verdichteten Gasen — Unfallverhütungsvorschriften der Deutschen Eisen- und
Stahlberufsgenossenschaften für die mit verdichteten Gasen arbeitenden Schweiß-
und Schneidanlagen.

Gasmischungen und Explosionsgefahr.

Ein Gemisch von	explodiert bei einem Gehalt zwischen
Sauerstoff und Wasserstoff . . .	4,5 und 95% Wasserstoff
Sauerstoff und Azetylen	2,8 und 93% Azetylen
Luft und Wasserstoff	11,0 und 68% Wasserstoff
Luft und Azetylen	3,0 und 65% Azetylen
Luft und Leuchtgas	7,9 und 22% Leuchtgas
Luft und Benzoldampf	1,5 und 10% Benzoldampf
Luft und Benzindampf	2,5 und 5% Benzindampf.

Besonders zu beachten sind also die weiten Grenzen der Explosionsmöglichkeit bei Gemischen von Sauerstoff bzw. Luft mit Wasserstoff oder Azetylen. Dagegen explodiert z. B. ein Luft-Leuchtgas-Gemisch mit 23 % und mehr Leuchtgas nicht mehr.

Unfallmöglichkeiten und ihre Verhütung (kurze Übersicht).

Azetylenentwickler: Explosionen von Azetylen-Sauerstoff-Gemischen im Entwickler, Explosionen bei der Reinigung, bei längere Zeit außer Betrieb gewesenen und beim Auftauen eingefrorener Entwickler; Raumexplosionen beim Übergasen.

Karbidlager: Raumexplosionen, wenn nicht genügender Schutz gegen Feuchtigkeit.

Gasflaschen und Druckminderventile: Explosionen infolge Drucksteigerung, hervorgerufen durch starke Erwärmung oder Erschütterung (diese besonders im Winter infolge Stahlsprödigkeit gefährlich), ferner infolge Bildung explosiver Gemische; Ausbrennen der Druckminderventile.

Schweißbrenner: Flammenrückschlag ins Brennerinnere oder Knattern. — Wegen Verhütung aller bisher genannten Fälle s. Abschnitt II D 8.

Schweißvorgang: Augenschutz gegen Metallspritzer und Lichtwirkungen, Schutzkleidung hauptsächlich bei Warmschweißungen; Absaugung entstehender Dämpfe.

Werkstoffe: Giftige Dämpfe bei Zink-, Messing- und Bleischweißungen (Atmungsmasken), auch bei Bleifarbenanstrich von Behältern.

Behälter- und Hohlkörperschweißung: Behälter, die Mineralöle, Benzin oder Gase enthielten, können bei ihrer Schweißung durch Explosion der Rückstände sehr gefährlich werden. Gut ausspülen und möglichst beim Schweißen bis auf die Schweißstelle mit Wasser füllen! Vorsicht beim Schweißen innerhalb von Hohlkörpern; für genügende Entlüftung sorgen, vor allem weil auch die Schweißflamme explosible Gemische hervorrufen kann.

IV. Die Hauptanwendungsgebiete der neueren Schweißverfahren, besonders der Gasschweißung.

A. Rohrleitungs-, Kessel- und Behälterbau.

Die Wassergasschweißung beherrscht nur teilweise noch das eng begrenzte Gebiet der Herstellung großer Röhren von mehr als etwa 400 mm lichter Weite und der Blechhohlkörper für hohen Druck. Die Ausführung der Schweißungen ist bereits im Abschnitt II A behandelt (s. Abb. 2). Die Schweißnähte werden wie bei der Koksfeuerschweißung als Stumpf-, Überlappt- oder Keilschweißung vorbereitet.

Gasschweißung. Die üblichen Stumpfstöße für Rohrrundnähte zeigt Abbildung 36, und zwar zunächst bei *a* den einfachen Verbindungsstoß, bei dem an Rohren bis 4 mm Wanddicke die Abschrägung wegfallen kann. Schwachwandige Rohre können Bördelstöße wie bei *b* erhalten.

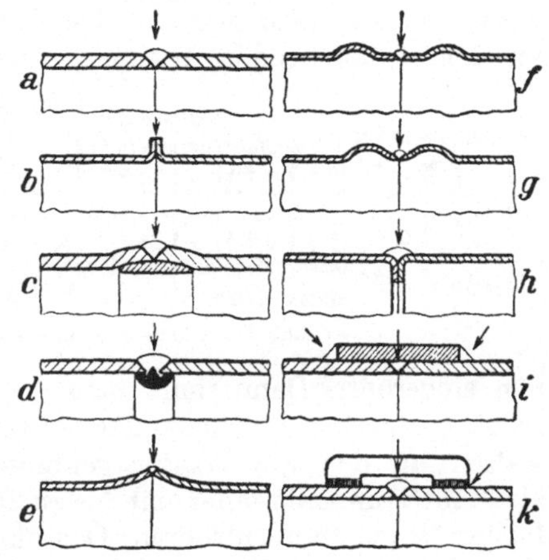

Abb. 36. Geschweißte Rohrrundnähte.

Der Innenbordstoß wie bei *h* wird nur angewendet, wenn das Rohr nicht dem Durchgang von Flüssigkeiten u. dgl., sondern als Konstruktionsmittel dient.

Um gutes Durchschweißen und eine glatte Innenfläche zu sichern, werden mitunter die Formen *c* und *d* (mit verschweißten Paßringen) gewählt. Die Entlastungsstöße *e*, *f* und *g* sollen die Schweißnaht von zusätzlichen Beanspruchungen entlasten, wie sie durch Verlagern der Leitung, Temperaturschwankungen usw.

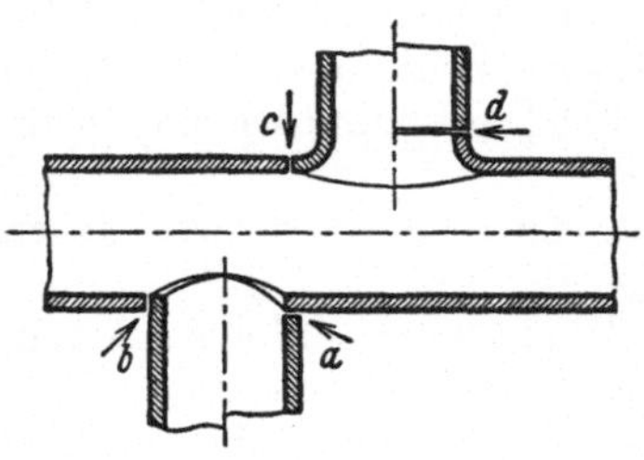

Abb. 37. Rohrabzweigungen.
a und *b* = Kehlnähte; *c* und *d* = Rundnähte.

hervorgerufen werden können. Weniger zu empfehlen sind die Flach- und Hochkantlaschen bei *i* und *k*. Abzweigungen können in einfachster Form nach Abb. 37 *a* oder *b* als Kehlnahtverbindungen hergestellt werden. Wo es auf reibungsfreien Durchgang des Wassers usw. ankommt, sind die Verbindungsarten *c* oder *d* zu empfehlen, wobei die Anschlußlöcher zweckmäßig durch Gabelhebel aufzubiegen (aufzuziehen) sind. Bei den Rohrflanschen in Abb. 38 *a* bis *d* handelt es sich um einseitig oder zweiseitig geschweißte Flanschenringe mit oder ohne Gewinde. Um die ungleichen Werkstoffdicken zwischen Flansch und Rohr auszugleichen, verwendet man hinterdrehte Flanschen nach *e* oder Flanschen mit Absätzen oder kegelig auslaufend wie bei *g* oder *h*. Wenn hohe Beanspruchungen vorliegen, kann man

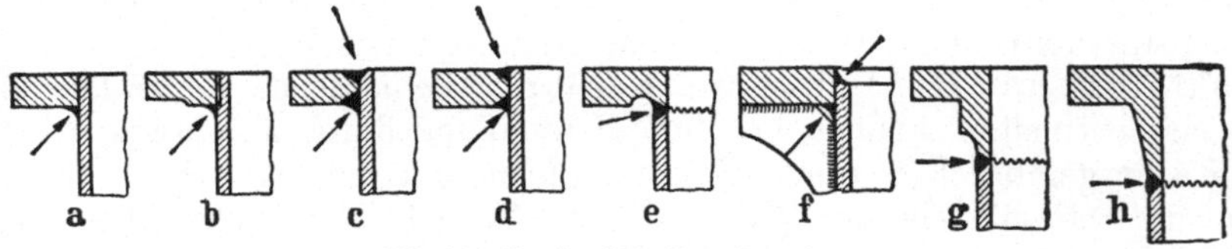

Abb. 38.   Geschweißte Rohrflanschen.

auch die Flanschen wie bei *f* durch gleichmäßig am Umfang verteilte und angeschweißte Eckbleche versteifen.

Bei der Anfertigung von Massenteilen, z. B. Röhren, kann durch Anwendung von Schweißmaschinen die Leistung einer Schweißanlage unter gleichzeitiger Verringerung des Gasverbrauchs wesentlich gesteigert werden. Die Maschine führt entweder nur einen gewöhnlichen Brenner an der Schweißnaht oder das Rohr an dem feststehenden Brenner vorbei. Nach dem letzteren Grundsatz arbeitet die in Abb. 39 wiedergegebene Rohrschweißmaschine. Die Röhren, die bis zu 90 mm Durchmesser und bis zu 5 mm Wanddicke haben, werden auf einer Ziehbank vorgebogen oder auf Rohrwalzmaschinen allmäh-

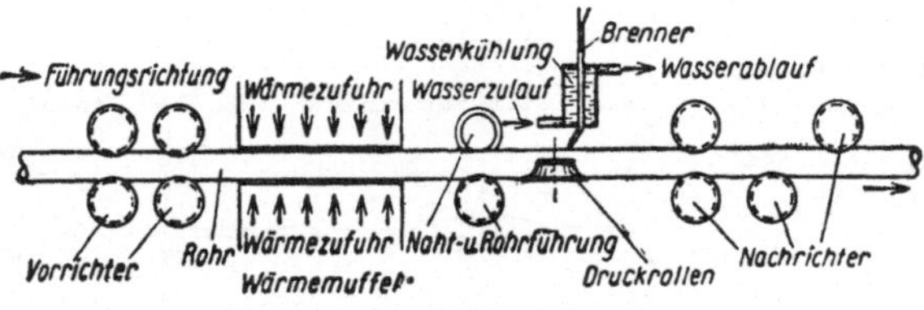

Abb. 39.   Rohrschweißmaschine.

lich eingerollt. Dann führt man sie in der Schweißmaschine zwischen waagerecht gelagerten Fortbewegungswalzen und senkrechten Druck- und Führungswalzen an den mit Wasser gekühlten Schweißbrennern vorbei, die neuerdings als Mehrflammenbrenner mit bis zu 16 Flammen ausgebildet werden. Elektrische Isolierröhren, Fahrradröhren, Gasröhren usw. werden heute vielfach auf solchen Maschinen hergestellt.

Böden und Deckel bei Behältern und Kesseln werden entsprechend Abb. 40 angeschweißt. Für die Gasschweißung sind die Formen *a* und *b* am günstigsten. Seltener kommen *c* und *d* vor; sie eignen sich besser für die Lichtbogenschweißung. Die Böden e und f kommen für geringere Betriebsdrücke in Frage. Abnehmbare Deckel erfordern immer eine Verstärkung (einen Flansch), wie dies die Formen g, h und m zeigen. Einfache Anschlußrundnähte an Behältern mit Doppelmantel sind bei i, k und l veranschaulicht.

Großausführungen auf dem Gebiet des Rohrleitungsbaus sind die Ferngasleitungen, die nach DIN 2470, „Richtlinien für Gasrohrleitungen mit geschweißten Verbindungen von mehr als 200 mm Durchmesser und von mehr als 1 at Betriebsüberdruck" geschweißt werden. Geschweißte Rohrkonstruktionen finden auch ausgedehnte Anwendung im Flugzeugbau.

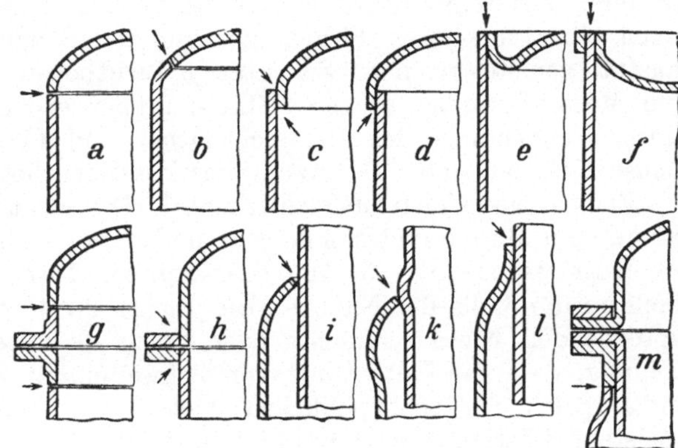

Abb. 40. Schweißnähte an geschlossenen Behältern.

Im Behälterbau liegt der Vorteil der Schweißung gegenüber der Nietung vor allem in der vollkommenen Dichtigkeit und Korrosionsbeständigkeit (Sicherheit gegen elektrochemische Einflüsse) der Schweißnaht. Man hat z. B. in der chemischen Großindustrie auch schon Behälter für $30\cdots40$ at Druck einwandfrei geschweißt. Im allgemeinen Maschinenbau kann die geschweißte Ausführung vor allem bei geringen Stückzahlen mit wesentlichem Vorteil an die Stelle der gegossenen treten. Man spart an Modell- und Formkosten und an Gewicht. Außerdem ist das geschweißte Stück widerstandsfähiger, besonders gegen Stöße, und viel leichter abzuändern. Abb. 41 zeigt als Beispiel den aus Stahlblech gasgeschweißten Ständer einer Schleifmaschine. Für die Gasschweißung ist dabei (und auch allgemein) die V-Schweißung (Abb. 41 oben) günstiger als die mehr für die Lichtbogenschweißung geeignete Kehlnaht (Abb. 41 unten). In

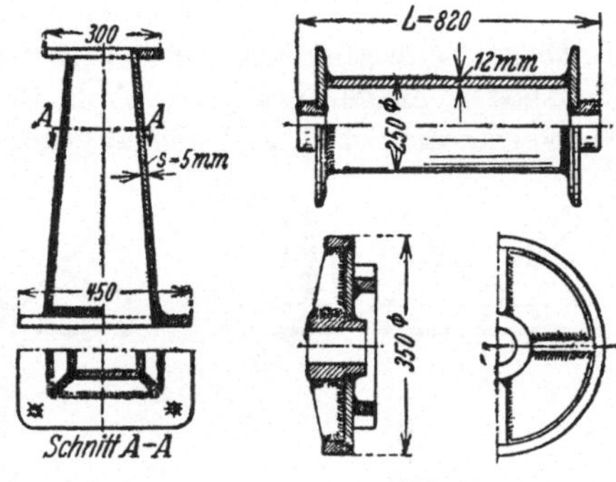

Abb. 41.
Geschweißter Ständer
einer Schleifmaschine.

Abb. 42.
Geschweißte Teile einer
Bockwinde.

Abb. 42 sehen wir an einer aus Stahlblechen auch in den Einzelteilen zusammengeschweißten Bockwinde die Angabe der Schweißnähte an der Seiltrommel und an der Bremsscheibe.

Elektrische Lichtbogenschweißung[1]. Die Lichtbogenschweißung von Blechen mit weniger als 3 mm Dicke gelingt vorläufig nur sehr geübten Schweißern und kann daher — auch aus Gründen geringerer Wirtschaftlichkeit gegenüber dem Gasschweißen, abgesehen von Sonderfällen (z. B. als Faßschweißung auf selbsttätigen Schweißmaschinen mit Kohleelektroden) nicht empfohlen werden.

Anwendungsgebiete. Die bei der Gasschweißung angeführten Schweißbeispiele lassen sich zum größeren Teil auch lichtbogengeschweißt herstellen. Besondere Anwendungsgebiete der Lichtbogenschweißung sind der Elektro-

----

[1] Vgl. Heft 43: Lichtbogenschweißen.

maschinenbau (große Generatorengehäuse, Fundamentplatten usw.), der Schiffbau (ganze Schiffe geschweißt statt genietet) und der Eisenbahnfahrzeugbau. Die umfangreiche Anwendung im Kesselbau ist auf Grund neuerer Verbesserungen des Schweißverfahrens weitgehend gesichert. Auch Dampfkessel dürfen nach einem mehreren Firmen genehmigten Sonderschweißverfahren geschweißt anstatt genietet werden. Selbsttätige Lichtbogenschweißmaschinen kommen für die Massenfertigung großer Röhren, großer ebener Bleche bei Gehäusen usw. unter Verwendung des Metallichtbogens und für Blechschweißungen verschiedenster Dicken unter Benutzung des Kohlelichtbogens in Betracht.

Elektrische Widerstandsschweißung[1]. Die elektrische Widerstandsschweißung kommt für Bleche und Hohlkörper als Punkt-, Naht- und Hohlkörperschweißung in Frage, jedoch nur für Massenerzeugung. Punktschweißungen treten vielfach an die Stelle des Nietens. Der Elektrodendurchmesser wird gleich dem entsprechenden Nietdurchmesser oder gleich der Gesamtblechdicke gewählt. Die Teilung, d. h. die Entfernung von Schweißpunkt zu Schweißpunkt, macht man etwa gleich der sonst üblichen Nietteilung. Bei Nahtschweißungen wird meistens überlappt geschweißt, wobei die Breite der Überlappung mindestens gleich der doppelten Blechdicke sein soll. Man spricht auch schon von einer Nahtschweißung, wenn man die Punktschweißmaschine verwendet und die Schweißpunkte so dicht aneinanderreiht, daß eine zusammenhängende Naht entsteht (Reihenpunktverfahren). Das Verschweißen verschieden dicker Bleche, auch das Aufschweißen dünner Bleche auf Winkel- oder Quadrateisen bietet keine Schwierigkeiten.

B. Stahl- und Brückenbau.

Diese Schweißungen werden entweder mit Gas oder mit dem elektrischen Lichtbogen ausgeführt. Aus Abb. 43 sehen wir in der Gegenüberstellung von Nietverbindungen (*1, 2, 3* und *4*) gegen Schweißverbindungen (*1a, 2a, 3a* und *4a*), welche Arten von Nietverbindungen sich vorteilhaft durch Schweißen ersetzen lassen. Wesentliche Vorteile des Schweißens liegen in der Vereinfachung der Konstruktion, im Fortfall von Winkeleisen, Laschen und Nieten. Die Lichtbogenschweißung dürfte dabei im allgemeinen der Gasschweißung insofern überlegen sein, als bei ihr die Schweißarbeit sofort mit Bildung des Lichtbogens einsetzt, während die Gasflamme bei der meistens stückweise vor sich gehenden Schweißung längere Zeit braucht, ehe die Schweißstelle die nötige Hitze erreicht hat.

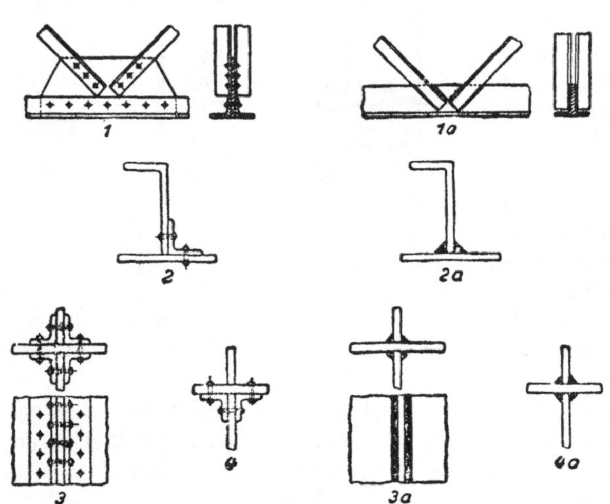

Abb. 43. Schweißung als Ersatz für Nietung.
1···4 = Nietverbindungen; *1a···4a* = Schweißverbindungen.

Die allgemeine Anwendung des Schweißens an Stelle des Nietens kommt in Frage im Stahlhochbau, wo „Vorschriften für geschweißte Stahlbauten"

---

[1] Vgl. Heft 73: Widerstandsschweißen.

(DIN 4100) herausgegeben worden sind, ferner im Hebezeugbau (elektrisch geschweißte Krane) und im Brückenbau. Kürzere Eisenbahnbrücken sind auch bereits bei der Deutschen Reichsbahn vollständig geschweißt worden. Ferner werden Straßenbrücken nach den „Vorschriften für geschweißte vollwandige stählerne Straßenbrücken" (DIN 4101) hergestellt.

C. Stumpf- und Schienenschweißungen.

Bei der Stumpfschweißung hat sich die alte Feuerschweißung noch bis heute behauptet. Die Thermit-, die elektrische Lichtbogen- und die Gasschweißung werden hier weniger benutzt. Häufig und mit Vorteil wird dagegen das elektrische Widerstandsschweißverfahren verwendet.

Elektrische Stumpfschweißung. Obwohl man Stahlquerschnitte bis zu etwa 40000 mm² mit elektrischen Stumpfschweißmaschinen schweißen kann, geht man praktisch selten über 5000 mm² hinaus wegen des bei größeren Querschnitten schnell ansteigenden Stromverbrauchs. Bei schrägen oder nicht glatt aufeinanderpassenden Kopfflächen der Schweißstücke und bei schwieriger zu schweißenden Querschnitten, bsonders auch bei Röhren, hat man mit Erfolg das im Abschnitt II bereits geschilderte Abbrennverfahren angewandt. Besonders zu erwähnen ist das „Verbundverfahren", das in der Schneidwerkzeugindustrie mit großem Erfolg durchgeführt worden ist. Drehstähle, Bohrer, Fräser usw. werden so hergestellt, daß der Schneidteil der Werkzeuge, aus hochwertigem Stahl, an das aus gewöhnlichem Stahl bestehende Reststück mit Hilfe des Abbrennverfahrens angeschweißt wird. Bei Dreh- und Hobelstählen werden Plättchen aus Schnellstahl oder Hartmetall auf den Schaft aus Flußstahl aufgeschweißt. Man kann dabei mit der Feuerschweißung, aber auch mit dem normalen elektrischen Widerstandsschweißverfahren arbeiten, indem man eine besondere Einspannvorrichtung an der Stumpfschweißmaschine benutzt.

Gasstumpfschweißung. Die Wirtschaftlichkeit der in Abb. 44 wiedergegebenen Rundstahlverbindung ist von der Handfertigkeit des Schweißers und von der richtigen Vorbereitung abhängig. Um an Schweißgasen zu sparen, ist es bei größeren Schmiedestücken ratsam, sie im Schmiedefeuer vorzuwärmen. Als weitere Vorbereitung empfiehlt sich eine X-förmige Abschrägung der Stoßflächen. Dann wird von zwei Seiten geschweißt. Die Seitenflächen sind mit der Flamme zu glätten.

Schienenschweißung. Infolge der Temperaturschwankungen in den verschiedenen Tages- und Jahreszeiten und ihrer Ausdehnungs- bzw. Zusammenziehungswirkung glaubte man früher, das Schweißen nur für die eingebetteten Straßenbahnschienen verwenden zu können, denen man vorsichtshalber auf größere Entfernungen noch sog. Temperaturstöße (nicht geschweißte Stöße) gab. Diese läßt man heute fort. Es entstehen in den Schienen Zug- oder Druck-

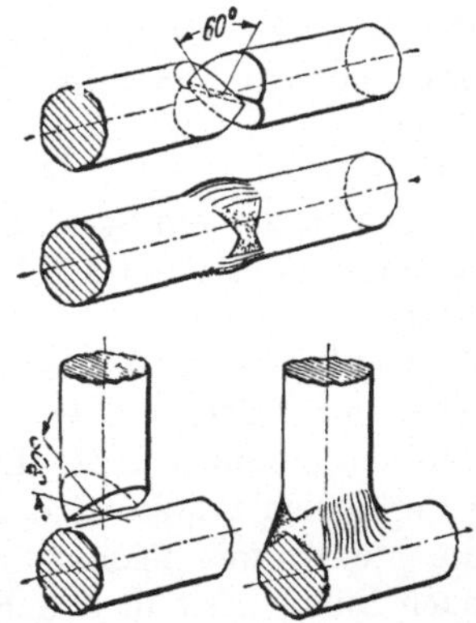

Abb. 44. Rundstahlschweißungen.

spannungen, die sich aber in erträglichen Grenzen halten. Seit Jahren sind auch schon Eisenbahngeleise geschweißt worden. Es steht heute fest, daß man Geleislängen von 100···200 m verschweißen kann, ohne Schwierigkeiten befürchten zu müssen. Als wesentlichste Vorteile sind die geringeren Geleisunterhaltungskosten und die geringere Abnutzung der Lokomotiv- und Wagenräder anzusprechen.

Als Schweißverfahren hat sich seit langem die Thermitschweißung gut bewährt. Sie ist bereits im Abschnitt I B (Abb. 3) behandelt worden. Auch die elektrische Lichtbogenschweißung wurde benutzt. In neuerer Zeit wurden schließlich die Gasschweißung und die Abbrennschweißung von Schienen entwickelt.

Bei der heute in Deutschland üblichen Form der Gasschweißung wird eine zusätzliche Sicherung durch angeschweißte Laschen oder durch untergeschweißte Fußplatten abgelehnt und nur der Stumpfstoß verwendet, da er die übersichtlichsten und einfachsten Spannungs- und Kraftübertragungsverhältnisse ergibt. Vor dem Schweißen wird mit Hilfe des Schneidbrenners der Fahrkopf der Schiene V-förmig-halbkreisförmig, der Steg X-förmig und der Fuß wieder V-förmig ausgenommen. Da sich im Kopf der Schiene mehr Werkstoff befindet als im Fuß, zieht sich der Kopf beim Erkalten der Schweiße mehr zusammen. Zum Ausgleich werden die Schienen vor der Schweißung etwas, durch Anheben mit einer Winde, gegeneinander aufgebockt. Zunächst wird der Fuß durch zwei Schweißer, beiderseitig gleichzeitig beginnend, von der Fußwurzel in Richtung auf die Fußenden hin in zwei Lagen verschweißt und in Rotglut verhämmert. Nach Abb. 45 *I* folgt dann der Steg unter wiederum beiderseitig gleichzeitiger Schweißung und nach *II* schließlich die Schweißung des Kopfes, wobei ein Schweißer von unten vorwärmt und der andere oben in einzelnen Lagen schweißt, die jeweils wieder in Rotglut verhämmert werden. Es wird stets nach rechts geschweißt. Sehr wichtig ist die Benutzung eines geeigneten Schweißdrahts. Zweckmäßig sind Zusätze von Kupfer und Nickel oder Kupfer, Nickel und Mangan oder Kupfer, Mangan und Vanadin.

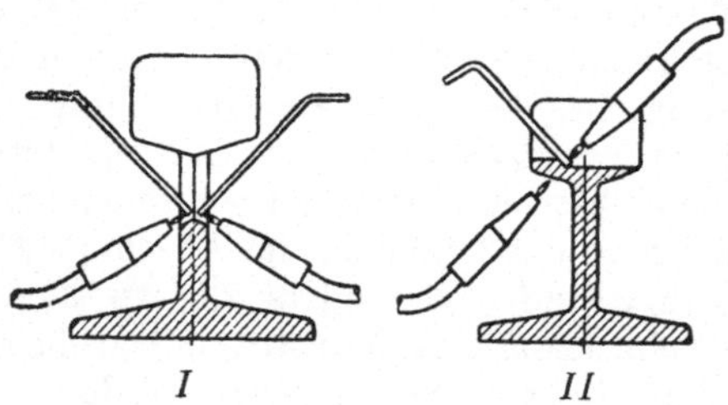

I   *II*

Abb. 45. Gasschweißung von Schienen.

Während die vorbeschriebene Gasschweißung vor allem für Schienenschweißungen auf offener Strecke in Frage kommt, dürfte die elektrische Abbrennschweißung für Schweißungen in der Werkstatt besonders geeignet sein.

D. Ausbesserungsschweißungen.

Schweißen von Stahl, Stahlguß und Temperguß. Als Schweißverfahren kommen hauptsächlich die Gasschweißung und die elektrische Lichtbogenschweißung in Frage.

Einfache Risse werden auf ganze Länge und Tiefe ausgekreuzt, ausgehobelt oder ausgefräst, und zwar so lange, als sich der Riß durch doppelten Span noch deutlich erkennen läßt. Liegen Haarrisse vor, deren Länge und Tiefe nur schwer zu erkennen ist, so trägt man Petroleum oder dünnflüssiges Öl auf und bestreut die Stellen mit feinem Schmirgelstaub oder Kreidepulver. Das Gemisch dringt nach kurzer Zeit in den Riß ein und macht ihn nach Abwischen der Oberfläche deutlich sichtbar. Das Schweißen erfolgt dann unter Zusetzen von Schweißdraht, wobei ein zeitweiliges sorgfältiges Hämmern in Weiß- bzw. Rotglut angebracht ist.

Dampfkesselausbesserungen. An Schweißarbeiten kommen vor: Riss an Nietlöchern und an Flammrohren, an Böden und am Außenmantel, Anfressungen einzelner Kesselteile, abgezehrte Stemmkanten, Ausbeulungen der Flammrohre usw. Ausfressungen sind gründlich zu reinigen; das Schweißen ist einfach. Risse werden wie bereits erwähnt behandelt. Zur Verhütung von Spannungsrissen treibt man zweckmäßig einen Keil in die Rißmitte, schweißt nach dem Keil hin von beiden Rißenden aus und verschweißt zuletzt das Keilloch. Flicken werden dort eingesetzt, wo sich großflächige und tiefe Anfressungen zeigen und wo der Werkstoff durch Einwirkung von Feuergasen oder Kesselstein rissig geworden ist. Sie erhalten am besten die Form der Abb. 46 *II*; bei rechteckiger Form sind zum mindesten aber die Ecken abzurunden (*I*). Zur Vermeidung von Spannungsrissen wölbt man den Flicken (s. Stelle *f* in Abb. 46 *I*) und setzt ihn scharf passend in die Öffnung ein. Man schweißt nicht in ununterbrochenem Zug, sondern in Abb. 46 *I* in Reihenfolge *b*, *c*, *d*, *e* und in Abb. 46 *II* in Reihenfolge *a*, *b*, *c*, *d*; andernfalls erhält man leicht Spannungsrisse.

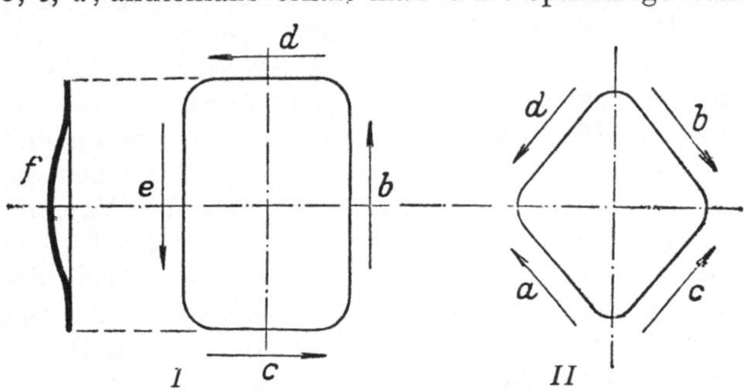

Abb. 46. Einschweißen von Flicken.

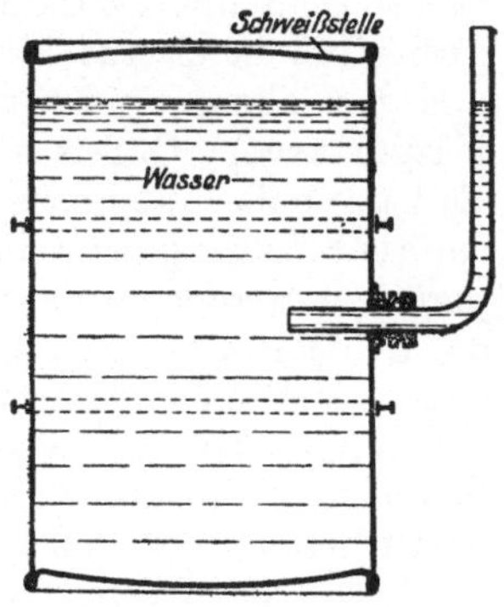

Abb. 47. Schweißung eines Benzinfasses.

Gebrauchte Behälter. Auf die sorgfältige Reinigung dieser Behälter durch Ausblasen mit Luft oder nicht brennbaren Gasen (Kohlensäure oder Stickstoff), durch Ausdampfen, Ausspülen mit Wasser usw. sei nochmals besonders hingewiesen. Die schadhafte Stelle soll beim Schweißen möglichst an den höchsten Punkt zu liegen kommen. Ferner ist der Behälter, soweit es die Schweißarbeit erlaubt, mit Wasser zu füllen. Während des Schweißens sind alle Stutzen und Verschlüsse offenzuhalten. Abb. 47 zeigt, wie dies alles auf einfache Weise bei einem mit Wasser gefüllten gebrauchten Behälter zu erreichen ist.

Auftragsschweißungen. Bei der Gasschweißung werden zunächst Rost, Schmutz, Fett, Farbe usw. mit der Flamme abgebrannt und die Rückstände mit der Drahtbürste sauber entfernt. Zusatzwerkstoff darf nur auf bereits flüssigen Werkstoff aufgetragen werden. Für die gewünschte Härte und Verschleißfestigkeit ist die richtige Wahl des Zusatzdrahtes ausschlaggebend, weshalb man meistens besonderen Auftragsschweißdraht mit höherem Kohlenstoffgehalt oder Zusätzen von Wolfram, Chrom, Mangan usw. (s. Abschnitt II D 7) verwenden muß.

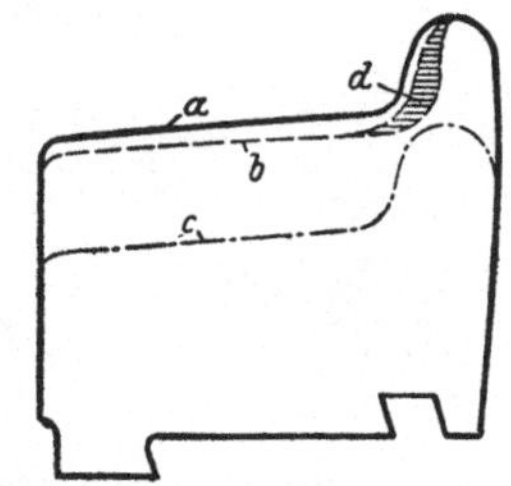

Abb. 48. Aufschweißen eines abgelaufenen Spurkranzes.

Das Auftragsschweißen kommt hauptsächlich bei Schienen und bei Maschinenteilen, wie Zapfen, Wellen und Gleitbahnen, in Frage. Ein wichtiger Sonderfall ist das Auftragsschweißen von Spurkränzen an Wagen- und Lokomotivrädern mit Hilfe selbsttätiger Lichtbogenschweißmaschinen. Der Kranz in Abb. 48, ursprünglich nach *a* verlaufend, ist bei *b* ungleichmäßig abgelaufen. Um ihn wieder brauchbar zu machen, müßte der Werkstoff bis zur Linie *c* abgedreht werden. Schweißt man dagegen das bei *d* schraffierte Stück auf, so ist nur wenig abzudrehen.

Stahlguß und Temperguß. Stahlguß ist im allgemeinen wie weicher Stahl zu behandeln, also gut schweißbar. Obwohl wir es hier mit einer Gußart zu tun haben, sind die beim Schweißen auftretenden Spannungen weniger gefährlich als beim Gußeisen. Temperguß ist geglühter Guß mit meistens geringem Kohlenstoffgehalt und daher schmiedbar. Ist das Tempergußstück lange geglüht (getempert), so ist es wie weicher Stahl zu behandeln; ist es nur kurze Zeit geglüht — was man beim Schweißen am Leichterflüssigwerden merkt —, so ist es mehr als eine Art Gußeisen aufzufassen.

Gußeisenschweißung. Allgemeines. Das Schweißen von Gußeisen normaler Zusammensetzung ist heute sowohl nach dem Thermit- wie nach dem Gas- oder Lichtbogenschweißverfahren gut durchführbar. Schlecht schweißbar ist Hartguß (Guß in eiserne Formen gegossen, an der Oberfläche abgeschreckt, hart) und vor allem verbrannter Guß (Roststäbe, gußeiserne Kochkessel, Herdplatten usw.). Gußeisen wird, wenn es genügend erhitzt ist, plötzlich flüssig. Es kann daher (abgesehen von der elektrischen Kaltschweißung) nur in waagerechter Lage geschweißt werden. Die Schweiße neigt leicht dazu, blasig und porös zu werden; außerdem bildet sich an der Oberfläche eine Oxydhaut, da der Schmelzpunkt des Gußeisens niedriger ist als der des Eisenoxyds. Man soll daher ständig mit dem Zusatzstab im Schweißbad herumrühren und außerdem ein Schweißpulver verwenden in der Weise, daß man das erhitzte Ende des Schweißstabs in das Schweißpulver eintaucht. Durch zu schnelles Erkalten und durch Verdampfen von Kohlenstoff und Silizium neigt die Schweiße zum Hartwerden. Als Hilfsmittel dient nachträgliches Ausglühen (besser von vornherein langsame Abkühlung); ferner soll der Zusatzwerkstoff genügend Kohlenstoff und Silizium enthalten. Infolge der Schwindung (Zusammenziehung) und der mehr oder weniger ungleichmäßigen Abkühlung nach dem Gießen hat fast jedes Gußstück Spannungen, zu denen noch neue Spannungen beim Schweißen, hervorgerufen durch ungleichmäßige Erhitzung und Abkühlung, hinzutreten. Als wesentlichstes Hilfsmittel kommt hier ein Vorwärmen des ganzen Stücks auf Rotglut und langsames Abkühlen im erlöschenden Feuer in Betracht. Dementsprechend unterscheidet man bei Gußeisen eine Kaltschweißung (ohne Vorwärmen) und eine Warmschweißung (mit Vorwärmen). Die Warmschweißung ist bei weitem besser, aber auch teurer.

Thermitschweißung. Nach Abb. 49 *I* wird die Ausbesserung von kleinen Fehlern an Gußstücken ausgeführt, nachdem das Stück vorher erwärmt worden ist. Bei größeren Ausbesserungen wird man nach *II* mit dem Spitztiegel arbeiten. *III* zeigt das Anschweißen eines Walzenzapfens, wobei Thermit einfach aufgeschüttet und angezündet werden kann. Es dient in diesem Fall nur zum Aufweichen der Bruchfläche, die aufgesetzte Form wird nach Abziehen der Schlacke mit Gußeisen vollgegossen.

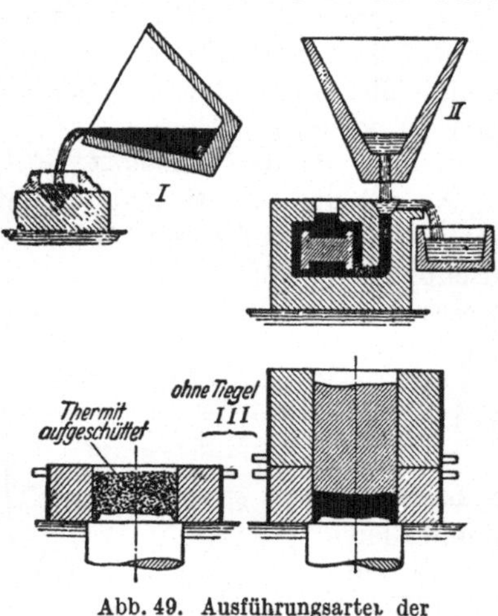

Abb. 49. Ausführungsarten der Thermitschweißung.

Elektrische Lichtbogenschweißung. Man unterscheidet hier besonders zwischen Kalt- und Warmschweißung. Die Kaltschweißung ist die wesentlich billigere, aber nur da am Platze, wo weder Dichtigkeit noch hohe Festigkeit des Schweißstücks verlangt wird, z. B. also bei Rissen und Brüchen an Platten, Hebeln, Seilscheiben, Zahnrädern, Fundamentrahmen usw. Es wird nicht (wie bei der Gasschweißung und elektrischen Warmschweißung) Gußeisen, sondern weicher

Stahl eingeschmolzen unter Verwendung ummantelter Elektroden. Die Kaltschweißnaht ist meistens nicht oder doch nur schlecht bearbeitbar. Dies kommt daher, daß in der Schweißfuge zunächst eine Schicht abgeschreckten weißen Roheisens entsteht (weil die Schweißhitze von dem im Verhältnis zur Elektrode großen Querschnitt des Werkstücks plötzlich abgeleitet wird); dann folgt eine Schicht harten Stahls, indem sich flüssiges Roheisen mit dem weichen Elektrodendraht mischt. Man muß also in dünnen Lagen schweißen, um diese Zone und die weiter aufliegenden immer wieder auszuglühen. In den erwähnten harten Zonen treten natürlich leicht Spannungen und Haarrisse auf. Zur Vorbereitung des Schweißens gehört zunächst das Auskreuzen der Risse. Bei wichtigeren Schweißungen wird man aber die entstandenen Schweißmulden nicht einfach, wie beim Blechschweißen, mit abgeschmolzenem Werkstoff auffüllen, sondern vorher noch Gewindestifte einsetzen (Abb. 50). Die Stifte werden auf beiden

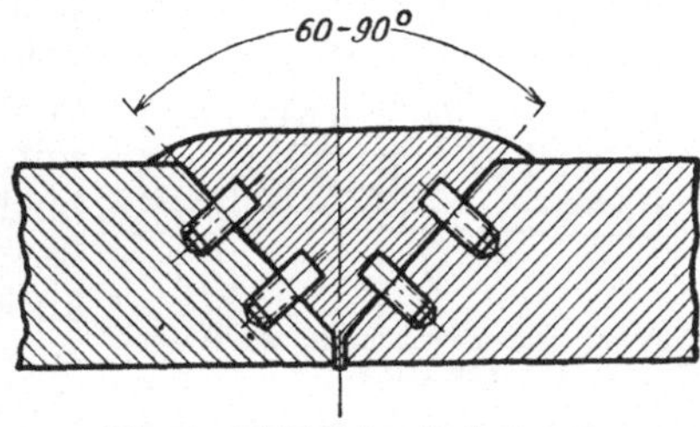

Abb. 50. Elektrisches Kaltschweißen
(Einsetzen von Gewindestiften).

Rändern gegeneinander versetzt und sind gewissermaßen die Grundpfeiler einer Brücke, die durch das Elektrodeneisen gebildet wird, während die Verbindung zwischen Elektrodeneisen und Gußstück ja nach vorigem nicht besonders fest sein kann. Bei dünneren Werkstücken (unter 30 mm) genügt eine Stiftreihe.

Bei der Warmschweißung liegt der positive Pol (+Pol) der Stromquelle am Werkstück. Die Elektroden sind Gußstäbe von meistens 10···15 mm Durchmesser, und zwar entweder nackt (dann wird dem eingeschmolzenen Gußeisen Schweißpulver zugesetzt) oder mit Schweißpaste überzogen (dann ist kein Schweißpulver erforderlich). Die Warmschweißung ist eine Art Kleingießschweißung; die Schweiße bleibt weich und ist gut bearbeitbar, sie wird dicht und ergibt hohe Festigkeit. Zunächst ist das Schweißstück einzuformen, wie es Abb. 51 zeigt. Die Schweißstelle selbst wird mit Formkohlen (Platten aus Retortenkoks, meist mit Nut und Feder) eingefaßt zur Begrenzung des Schmelzbads. Zur Vorwär

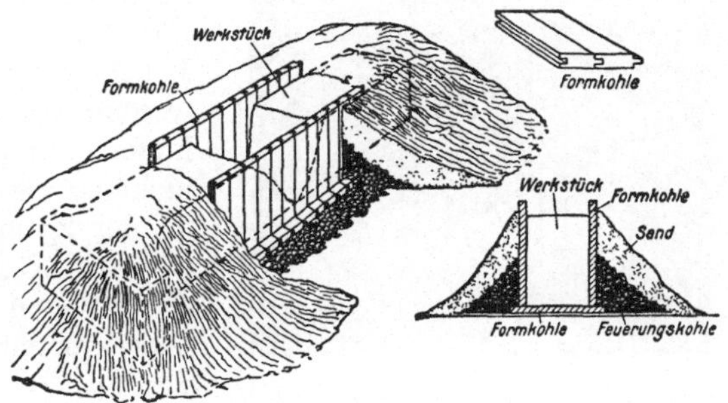

Abb. 51. Vorbereitung der elektrischen Warmschweißung.

mung wird das Stück dann mit Feuerungskohle (am besten Holzkohle) umgeben und weitgehend mit Sand abgedeckt. Die Erwärmung auf Rotglut dauert etwa 2···10 Stunden je nach Größe des Stücks. Nach Beendigung des Schweißvorgangs erfolgt langsamstes Abkühlen, 1···5 Tage lang, im Holzkohlenfeuer. Hierdurch werden vor allem Spannungen vermieden, und die Schweißstelle bleibt weich.

Gasschweißung. Fast alle im vorigen behandelten Schweißungen lassen sich auch mit Hilfe der Gasschweißung ausführen. Bei der Gaskaltschweißung wird, ebenso wie bei der Warmschweißung, mit gußeisernen Zusatzstäben gearbeitet. Abb. 52 möge zunächst, in Ergänzung der vorhergehenden, das Schweißbeispiel eines Lagerbocks bringen. Die Brüche bei a und c sind verhältnismäßig leicht ohne Vorwärmung schweißbar. Liegt der Bruch aber bei b oder d, so ist der Teil bei *e* mit dem Brenner vorzuwärmen bzw. mit einem zweiten Brenner warm zu halten, um ein Verziehen oder Reißen zu vermeiden. Eine bleibende, geringe Zunahme der Länge *x* ist bei den letztangedeuteten Schweißarbeiten wahrscheinlich und muß dann durch Abarbeiten der Fuß-platte ausgeglichen werden. Wenn der Bruch in der Fuß-platte bei *f* liegt, so ist das behutsame Eintreiben eines Keiles *g* empfehlenswert, da-mit der Riß etwas klafft. So-bald die Schweißung beendet ist, muß man den Keil her-ausnehmen. Das gibt dann eine (günstige) Werkstoffstau-chung in der Schweißstelle.

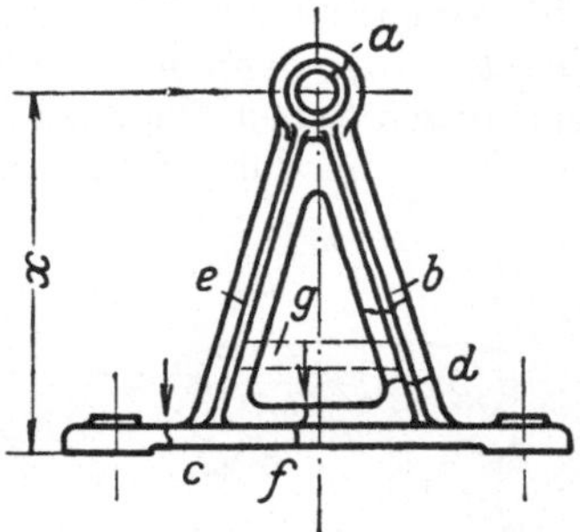

Abb. 52. Gasschweißungen an einem Lagerbock.

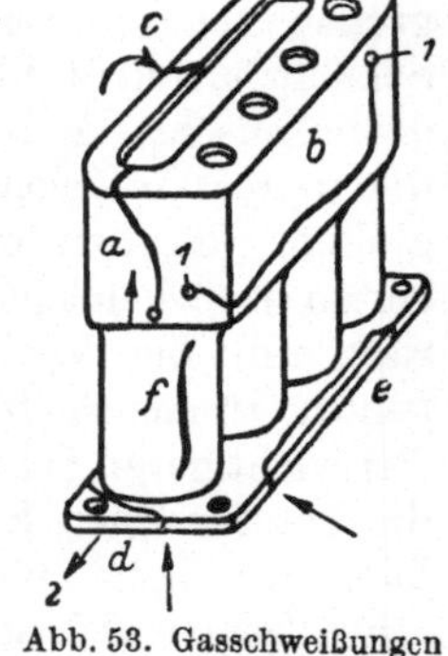

Abb. 53. Gasschweißungen an einem Autoblockzy-linder.
a ··· *f* = verschiedene Risse; *1* = Abbohrstellen; *2* = Flammenrichtung.

Weiterhin zeigt ein **Autoblockzylinder** (Abb. 53) eine Anzahl verschiedenartiger Ausbesserungsschweißungen. Fast alle Arbeiten erfordern Vor-wärmung und langsames Erkaltenlassen im erlöschenden Feuer. Die Schweißung soll bei *a* und *c* immer an dem durch die Pfeilrichtung gekennzeichneten Ende beginnen. Die Enden des Risses *b* sind bei *1* abzubohren. Risse im Laufmantel, wie bei *f*, sind schwer schweißbar (gut vorwärmen und nicht zu weit durchschweißen, damit die Lauf-fläche für den Kolben nicht beschädigt wird). Bruch *d* kann ohne Vorwärmung geschweißt werden, jedoch ist die Flamme immer vom Zy-linder weg (Pfeil *2*) zu halten, damit diesem nicht zu viel Wärme zugeführt wird. Bei Riß *e* ist der Zylinder gut vorzuwärmen. Um inner-halb des Kühlmantels gelegene Risse zu schwei-ßen, müssen meist Stücke aus dem Kühlmantel herausgebohrt und nachher wieder eingeschweißt werden.

Abb. 54. Gasschweißungen an einem Dampfzylinder.

Schließlich wird noch in Abb. 54 die Schwei-ßung eines größeren **Schiffsdampfzylinders** gezeigt, der bei 1200 mm Innendurchmesser und 35 mm Wanddicke rund 8 t wog. Er erforderte eine 40stündige Arbeit. Das eingeschmolzene Gußgewicht betrug 75 kg.

E. Kohlenstoffreiche und Sonderstähle.

Anwendbar sind sowohl die Gasschweißung wie die elektrische Lichtbogen-schweißung. Die Grenze für leichtes und gutes Schweißen liegt etwa bei St 42 (Stahl mit 42 kg/mm² Mindestzugfestigkeit).

Kohlenstoffreiche Stähle. Diese Stähle, die zugleich Stähle höherer Festig-keit sind, lassen sich schwerer und nur unter besonderen Bedingungen schweißen, weil sie sehr wärmeempfindlich (leicht überhitzbar) sind und infolge von Härtung und damit verbundener Sprödigkeit in dem Übergang zwischen Schweiße und Mutterwerkstoff zu Rißbildung neigen (Schweißrissigkeit). Wichtig ist die

Verwendung richtiger (niedriggekohlter, manganlegierter) Schweißdrähte und eine Vergütung der Schweiße durch wurzelseitiges Nachschweißen und durch Hämmern in Rotglut.

Legierte Stähle. Je höher die Legierungszusätze sind, desto schlechter wird im allgemeinen die Schweißbarkeit. Stähle mit nur $0,5\cdots1,2\%$ Silizium (Si-Baustähle) oder $0,3\cdots0,7\%$ Kupfer (witterungsbeständigere Stähle) oder auch der St 52 (Stahl mit geringeren Zusätzen von Chrom, Molybdän und Kupfer, die aber aus rohstofflichen Erwägungen zur Zeit fortfallen, so daß der St 52 jetzt ein Mn[$1,2\%$]-Si[$0,6\%$]-Stahl ist) sind gut schweißbar, wenn entsprechende Schweißdrähte verwendet werden. Ebenso steht es mit niedriglegiertem Manganstahl ($0,8\cdots2\%$ Mn), dagegen ist Manganstahl mit $10\cdots14\%$ Mn schwerer schweißbar und nur für verschleißfeste Auftragsschweißungen verwendbar.

Im übrigen kommt es bei den Sonderstählen darauf an, ob sie ferritisches, perlitisches, martensitisches oder austenitisches Gefüge zeigen. **Ferritische Stähle** (Ferrit = Eisenkristalle) haben einen hohen prozentualen Anteil an Chrom, sind nicht härtbar und überhitzungsempfindlich, sind aber bei Verwendung geeigneter Schweißdrähte schweißbar. **Perlitische Stähle** (Perlit = feinkörniges Gefüge aus Eisen- und Eisenkarbidkristallen) haben geringe prozentuale Anteile an Legierungsbestandteilen und sind bei Verwendung geeigneter Schweißdrähte gut schweißbar. **Martensitische Stähle** (Martensit = Gefüge des gehärteten Stahls) haben höhere prozentuale Legierungsanteile und sind zum Schweißen ungeeignet, da die Schweiße spröde und sogar glashart wird. **Austenitische Stähle** (Austenit = Mischkristallgefüge aus Eisen und Eisenkarbid) sind hochlegiert. Hierher gehören vor allem die nichtrostenden und die hitzebeständigen Chrom- und Chrom-Nickel-Stähle, die bei entsprechender Nachvergütung (Ausglühen) gut schweißbar sind.

F. Plattierte Bleche.

Unter plattiertem Blech versteht man einen Werkstoff, dessen Kern aus Stahlblech und dessen ein- oder zweiseitiges Deckblech meist aus Kupfer, Nickel oder Monelmetall besteht. Das dünne Deckblech (bis zu 10% der Gesamtblechdicke) ist aufgewalzt und dadurch mit dem Grundwerkstoff fest verbunden. Den Stahl kann man nach Abb. 55 entweder mit V-Stoß (*I*) oder mit X-Stoß (*II*) oder mit U-Stoß (*III*) versehen. Letzterer kommt hauptsächlich für die elektrische Lichtbogenschweißung in Frage. Zuerst wird möglichst das Stahlblech geschweißt, dann die Plattierung, letztere im allgemeinen nach dem Gasschweißverfahren.

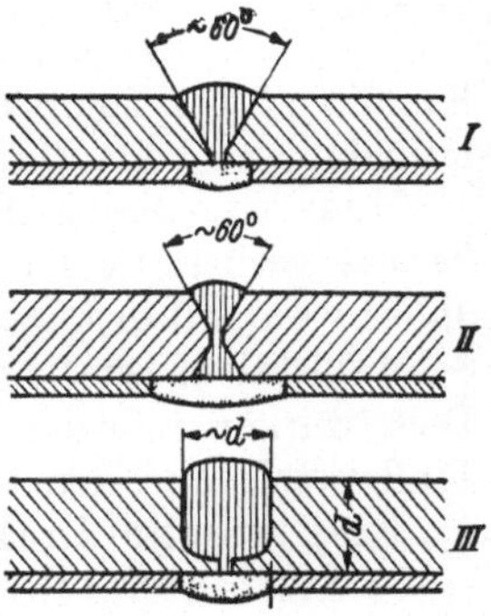

Abb. 55. Schweißung plattierter Bleche.

I = V-Stoß II = X-Stoß;
III = U-Stoß.

G. Nichteisenmetalle.

In Betracht kommen in der Hauptsache: Kupfer und seine Legierungen, Aluminium und seine Legierungen, Magnesium, Zink, Nickel, Blei, seltener Gold, Silber, Platin. Sehr hinderlich sind bei Kupfer, Aluminium und Magnesium ihre große Verwandtschaft zu Sauerstoff (Oxydbildung) und ihre große Wärmeleitfähigkeit, wodurch die Schweißhitze schnell abgeleitet wird. Alle genannten Nichteisenmetalle und ihre Legierungen sind heute unter Beobachtung gewisser, nachher erwähnter Vorsichtsmaßregeln gut gasschweißbar. Die elektrische Lichtbogenschweißung ist bisher mit Erfolg in der Hauptsache nur für Kupfer und Aluminium durchgeführt worden; die elektrische Widerstandsschweißung kommt als Stumpfschweißung für Kupfer, Messing, Bronze, Aluminium, als Punkt- und Nahtschweißung in der Hauptsache für dünnes Messingblech und für Aluminiumblech in Frage.

Kupfer und Kupferlegierungen. Gasschweißung. Infolge der starken Wärmeleitfähigkeit des Kupfers tritt das zum Gasschweißen erforderliche örtliche Schmelzen erst ein, nachdem der größte Teil des Werkstücks viel Wärme aufgenommen hat; daher ist besonders bei größeren Stücken ein Vorwärmen im Holzkohlenfeuer und ein Warmhalten während des Schweißvorgangs sehr zu empfehlen. Auch benutzt man einen zweiten Brenner zum Vorwärmen und schweißt senkrechte Nähte an dicken Blechen mit zwei Brennern von beiden Seiten gleichzeitig. Die Flamme darf, wegen der Gefahr der Überhitzung und Rißbildung, nicht auf die bereits geschweißte Naht zurückgezogen werden; sie ist auch möglichst scharf einzustellen und darf der Schweißnaht nicht zu nahe kommen, andernfalls entstehen leicht blasige, poröse Nähte. Einen zweckmäßigen

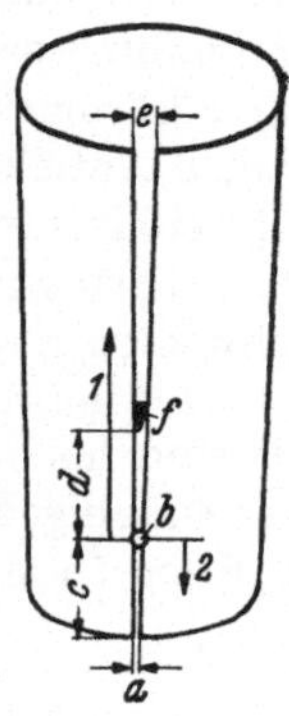

Abb. 56. Kupferschweißung.

$a \cdots e$ = Spalt;
f = Keil;
1 und 2 = Schweißrichtung.

Schweißvorgang zeigt Abb. 56. Zur Offenhaltung des Spaltes $a \cdots e$ dient der bei f um die Strecke d vor der Flamme entlanggeführte Keil. Man schweißt, bei b beginnend, erst den längeren Nahtabschnitt in Richtung des Pfeils 1 und dann erst das restliche Nahtstück c (in Länge von $100 \cdots 300$ mm, je nach Blechdicke und Nahtlänge) in umgekehrter Richtung (Pfeil 2). Würde man, wie bei Stahl, an einem Ende beginnen und nur in einer Richtung schweißen, so würde die Schweißnaht aufreißen, weil die Festigkeit des hocherhitzten Kupfers geringer ist als auf die auftretende Schrumpfkraft. Kupferbleche über 5 mm werden immer mit Schweißpulver geschweißt; dünnere Bleche können von geübten Schweißern ohne Schweißpulver geschweißt werden, wenn das Kupfer sehr rein ist. Besonders bei dickeren Blechen (z. B. Lokomotivfeuerbuchsen) ist ein vorsichtiges Abhämmern in rotwarmem Zustande zum Ausgleich der durch das Schweißen entstandenen Spannungen erforderlich. Als Schweißdraht nimmt man bei Durchschnittsarbeiten Hüttenkupfer, bei dünnen Blechen Elektrolytkupfer. Für dicke Bleche ist ein Sonderschweißdraht zu empfehlen (s. Abschnitt II D 7). Kupfer ist bei Temperaturen dicht unter seinem Schmelzpunkt von 1083^0 sehr brüchig, was beim Hämmern und Ausrichten zu beachten ist.

Messing, Rotguß und Bronze sind ähnlich zu behandeln wie Kupfer. Bronze verliert in der Hitze ihre Festigkeit fast ganz, die Schweißstellen dürfen daher während des Schweißens keinen Zugbeanspruchungen ausgesetzt sein. Den Schweißstäben setzt man bei allen drei Legierungen Phosphor und Aluminium zu. Diese wirken reduzierend, Aluminium verlangt aber wieder die Anwendung eines Flußmittels aus den nachher beim Aluminiumschweißen angegebenen Gründen.

Elektrische Lichtbogenschweißung. Am besten wird mit der LESSELschen Schlauchelektrode geschweißt. Ihr Kern besteht aus Kupfer. Darüber liegen drei durch Tauchen angebrachte, unter sich sehr verschiedene Umhüllungsmassen, deren äußere infolge ihres hohen Schmelzpunkts immer gegenüber der Metallspitze um etwa 10 mm vorsteht und einen für den Werkstoffübergang günstigen Schlauch ergibt. Lichtbogenspannung $60 \cdots 70$ V.

Aluminium und Aluminiumlegierungen erfordern unbedingt die Anwendung eines geeigneten Schweißmittels, da das sich stets bildende Aluminiumoxyd den sehr hohen Schmelzpunkt von 2050^0 hat und an der Schweißoberfläche ein widerspenstiges Häutchen bildet. Bewährt haben sich die Flußmittel Autogal und Firinit, die in Pulverform oder als aufstreichbare Paste verwendet werden. Aluminiumschweißpulver saugt schnell die Feuchtigkeit der Luft an; es ist daher zweckmäßig in Glasflaschen mit eingeschliffenen Stöpseln aufzubewahren. Der Zusatzstab ist reiner Aluminiumdraht oder ein Abfallstreifen. Eine Vorwärmung des Schweißstücks mit dem Brenner ist wie bei Kupfer zu empfehlen. Erhitztes Aluminium verliert ähnlich der Bronze seine Festigkeit fast ganz, was beim Bewegen warmer Stücke sehr zu beachten ist. Das Durchbrechen des plötzlich flüssig werdenden Aluminiums bei größeren Stücken verhütet man durch Unterlegen eines Stahlblechs. Überwiegend wird nach dem Gasschweißverfahren mit der Azetylenflamme, und zwar nach links geschweißt. Ein Warmhämmern nach dem Schweißen (bei etwa 350⁰) verbessert das Gefüge. Die ätzende Wirkung des Flußmittels ist durch Abwaschen mit warmem Wasser, Nachwaschen mit 10proz. Salpetersäure und nochmaliges Nachspülen mit Wasser aufzuheben. Die Konstruktion geschweißter Lagertanks zeigt Abb. 57. Die Schweißnähte entsprechen im allgemeinen den bei Stahlblechbehältern üblichen. — Aluminium läßt sich auch hammerschweißen. Die Blech-

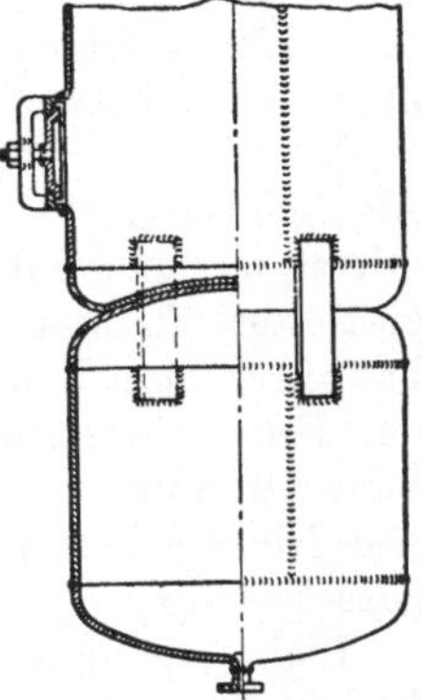

Abb. 57. Geschweißte Lagertanks (Aluminium).

ränder werden in 3···5facher Blechdicke überlappt, mit dem Brenner auf etwa 450⁰ erhitzt und dann ohne Flußmittel mit Kugelhämmern zusammengehämmert. Das Verfahren erfordert viel Erfahrung und wird immer mehr durch die Schmelzschweißung verdrängt.

Gut anwendbar ist auch die Arcatomschweißung. Bei Verwendung der elektrischen Lichtbogenschweißung sind Aluminiumelektroden mit geeigneten Umhüllungsmassen (Salzmantelelektroden) zu benutzen.

Innerhalb der Aluminiumlegierungen sind von den Knetlegierungen die meisten aushärtbaren (z. B. Duralumin, Aludur, Lautal) insofern schlecht schweißbar, als sie durch das Schweißen ausgeglüht werden und damit einen wesentlichen Teil ihrer Festigkeit verlieren. Die nicht aushärtbaren Knetlegierungen (z. B. Hydronalium, KS-Seewasser, Heddronal) sind mit einem Schweißdraht gleicher Zusammensetzung und mit einem entsprechenden Flußmittel gut schweißbar. Sie werden nur nach links geschweißt. Die Gußlegierungen sind sämtlich gut schweißbar. Zu beachten sind die Gußspannungen. Siluminguß wird ohne Flußmittel verschweißt. Für das Abwaschen der Flußmittel gilt im übrigen das bei Aluminium Gesagte.

Magnesiumlegierungen. Reinmagnesium, das gut gasschweißbar ist, hat als Werkstoff kaum Bedeutung. Die Knet- und Gußlegierungen, die unter den Namen Elektron und Magnewin bekannt sind, lassen sich unter Verwendung gleicher

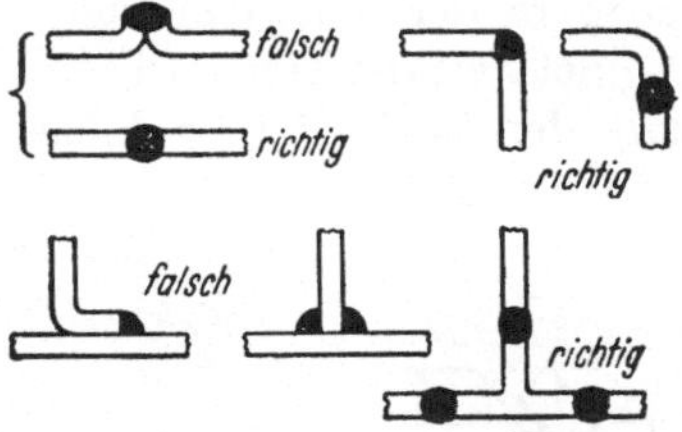

Abb. 58. Elektronschweißnähte.

Zusatzstäbe und eines entsprechenden Flußmittels meist gut schweißen. Alle Flußmittel sind sorgfältig abzubeizen. Abb. 58 zeigt die falsche und richtige Anordnung der Schweißnähte. Vor allem kommt es darauf an, die Rückseite der Schweißnaht frei zu halten, damit keine Flußmittelreste in Spalten zurückbleiben.

Zink. Man schweißt mit der Azetylenflamme (Kleinschweißbrenner) unter Verwendung gewöhnlichen Zinkdrahts und eines flüssigen oder pastenförmigen Flußmittels, das auf der Grundlage Ammoniaksalz-Zinkchlorid aufgebaut ist und zweckmäßig beiderseits aufgetragen werden muß. Für Bleche unter 1 mm

Dicke wählt man den Bördelstoß, für Bleche von 1···3 mm den Stumpfstoß und schweißt nach links. Bei Blechen über 3 mm Dicke kommen der V-Stoß und die Nachrechtsschweißung in Frage. Bei längeren Nähten hat sich auch die Überlappnaht mit etwa 4 mm Überlappungsbreite eingeführt. Flußmittelreste sind durch Abwaschen mit Wasser zu beseitigen. Ein Nachhämmern darf nur bei etwa 150° erfolgen. Bei tieferen oder höheren Temperaturen erhält das spröde Zink leicht Risse.

Nickel. Vorbereitung und Schweißvorgang sind dieselben wie bei Kupfer. Als Schweißdraht dient Reinnickeldraht. Ferner ist ein entsprechendes Flußmittel zu verwenden. Man muß mit möglichst reinem Azetylen und gut eingestellter Flamme schweißen. Die Nachrechtsschweißung hat sich am besten bewährt. Man kann auch die zu verbindenden Stellen überlappen und nach Art der Feuerschweißung zusammenhämmern, indem man den Werkstoff durch die Schweißflamme nur so weit erhitzt, bis er plastisch wird (Hammerschweißverfahren). Die Nickellegierungen Neusilber und Monelmetall sind verhältnismäßig gut gasschweißbar.

Blei. Die längst bekannte Bleilötung ist eine Schmelzschweißung; es wird Blei in das Grundmetall Blei eingeschmolzen, und zwar mit der Azetylen- oder der Wasserstoff-Sauerstoff-Flamme ohne Verwendung eines Schweißpulvers. Bleidämpfe sind sehr giftig; daher müssen die Bleischweißer Respiratoren (Atmungsmasken) tragen.

Gold. Silber. Platin. Alle drei Edelmetalle sind ohne Schweißpulver mit der Azetylen-Sauerstoff-Flamme gut schweißbar.

H. Kunststoffe.

Kunststoffe sind entweder härtbar (aus Phenol- oder Harnstoffharzen hergestellt) oder nicht härtbar (hauptsächlich aus Baumwollzellulose oder Kohlenwasserstoffen). Letztere werden auch als „thermoplastische Massen" bezeichnet, und einzelne von ihnen (z. B. Vinidur und Plexiglas) lassen sich durch Kleben oder Schweißen verbinden. Hierbei ist aber zu beachten, daß die thermoplastische Masse je nach der Zusammensetzung bei 80···150° erweicht und beim Schweißen keinesfalls höher als etwa 180° erhitzt werden darf. Die Vinidurschweißung ist schon in größerem Umfange eingeführt, die Schweißung von Plexiglas noch in der Entwicklung.

Schweißvorgang. Die zu verschweißenden Ränder der Werkstücke werden mit der Feile, dem Schaber oder der Schmirgelscheibe abgeschrägt, auch Abfräsen oder Hobeln ist möglich. Zum Schweißen selbst benutzt man einen Heißluftstrom. Preßluft wird einer Flasche oder der Leitung durch ein Druckminderventil entnommen. Zum Erhitzen der Preßluft auf 210···250° (am Mundstück des Brenners) können als Brenngase Wasserstoff — unvermischt aus der Flasche durch ein Druckminderventil — oder Azetylen bzw. Leuchtgas — über eine Injektorvorrichtung zwecks Mischung mit Verbrennungsluft aus einer Preßluftflasche — benutzt werden. Bei Inbetriebnahme wird an dem Heißluftbrenner zuerst die Preßluft eingestellt und dann das Brenngas (bzw. Brenngas-Luft-Gemisch) am Flammenmundstück angezündet. Sodann richtet man den Heißluft-

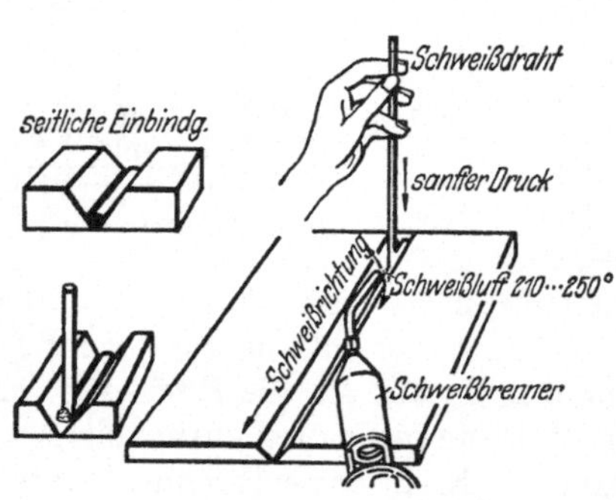

Abb. 59.   Vinidurschweißung.

strom auf die zu verbindenden Werkstoffkanten. Gleichzeitig macht man das Ende des auch aus thermoplastischer Masse bestehenden Zusatzstabes mit dem Brenner weich und plastisch und verschweißt es mit den Rändern. Werkstoffränder und Zusatzstab werden also nur teigig, nicht dünnflüssig. Abb. 59 zeigt Brennerführung (gleichmäßige Pendelbewegung) und Schweißdrahtführung (senkrecht mit sanftem Druck), sowie Schweißrichtung und Einbindung. Abschrägung der Nahtkanten bereits von 1 mm Werkstoffdicke ab, Öffnungswinkel der V-Naht = 60···70°. Bei V-Nähten sind Gütewerte bis zu 100% des ungeschweißten Werkstoffes erreicht worden, im Durchschnitt werden 65···85% erreicht.

V. Das Brennschneiden.

Entwicklung. Dem Gasschweißverfahren in mancher Beziehung verwandt ist das Brennschneiden (autogene Schneiden) von Metallen. Bringt man durch die Stichflamme (Vorwärmeflamme) eines Brenners Stahl auf seine Entzündungstemperatur von etwa 1350° (helle Weißglut) und leitet reinen Sauerstoff unter Druck auf die erhitzte Stelle, so verbrennt der Stahl lebhaft im Sauerstoffstrahl, die verbrannten Stahlteilchen werden zugleich durch den Druck des Sauerstoffs weggeblasen, und es entsteht eine Schnittstelle. Praktisch wurde dieser Vorgang in Deutschland zuerst zum Beseitigen von Ofenansätzen in Hochöfen bzw. zum Aufschmelzen der Stichlöcher an diesen Öfen angewendet, und zwar nach dem Patent des Köln-Müsener Bergwerks-Aktienvereins zu Creuzthal (DRP. Nr. 137588) vom Jahre 1901. Patent und Verfahren wurden dann von der Chemischen Fabrik Griesheim-Elektron übernommen und weiter ausgebildet. Verbesserungen der Schneidvorrichtungen folgten und erschlossen dem Brennschneiden immer weitere Anwendungsgebiete.

A. Die Schneideinrichtungen.

Schneidbrenner. Die Vorwärmedüse V (Abb. 60) soll weiter als die Schneiddüse S vom Werkstück abstehen (s. die Strecken b und a). Vorteilhaft ist eine Erweiterung der Schneiddüse am unteren Ende (bei I c), damit der vom Sauer-

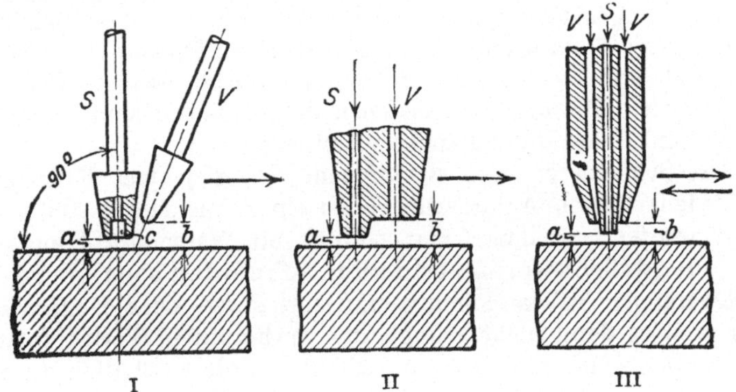

Abb. 60. Düsenlage und Düsenanordnung von Schneidbrennern.
S = Schneiddüse; V = Vorwärmedüse.

stoff angesaugten Luft ein bestimmter Weg, in Form eines Mantels um den Sauerstoffstrahl, gewiesen wird und der Sauerstoffstrahl nicht auseinanderflattert. Schneid- und Vorwärmedüse können getrennt hintereinander (I) oder in einem Gehäusestück hintereinander (II) oder konzentrisch, d. h. die Vorwärmedüse V als Ringdüse um die Schneiddüse S (III), angeordnet sein. In den beiden ersteren

Fällen spricht man von einem **Zweistrahlbrenner**, im letzteren Fall von einem **Ringstrahlbrenner**. Die Pfeilrichtungen in Abb. 60 geben die Bewegungsrichtungen der Brenner an.

Bei der Mehrzahl der Brenner wurde früher die Wasserstoff-Sauerstoff-Flamme als Vorwärmeflamme benutzt. In Frage kommen außer Wasserstoff noch Azetylen, Benzol und Leuchtgas, letztere beiden für geringere Blechdicken. Der Schneidbrenner nach Abb. 61 kann hinsichtlich der Vorwärmeflamme, die bei i im Ringraum entsteht und der das Gasgemisch durch Rohr h zugeführt wird, als Azetylen- und als Wasserstoffbrenner betrieben werden. Der größte Teil des zugeführten Sauerstoffs geht durch das Rohr a und durch das Regelventil als Schneidsauerstoff zur Düse b. Bei Linksdrehung der Spindel d wird Teller g des Ventils durch die Membran f abgehoben. Mit Bügel k wird die Rädchenführung am Brennerkopf befestigt. Der Brenner ist ein sog. Zweischlauchbrenner, d. h. die Gase werden nur in zwei Schläuchen zugeführt, während der Dreischlauchbrenner drei Schlauchleitungen, eine für das Brenngas und je eine für den Sauerstoff der Vorwärmeflamme und der Schneidflamme hat. Eine Mischung von Heizgas und Sauerstoff wird in den Ringraum der Düse geführt und ergibt die zunächst anzuzündende Vorwärmeflamme. Ist der Stahl weißglühend, so wird der Schneidsauerstoff angestellt und tritt unter einem Druck von 1,3 ⋯ 13 at (bei Blechdicken von 3 bis 300 mm) in dem mittleren Rohr aus. Ist der Verbren-

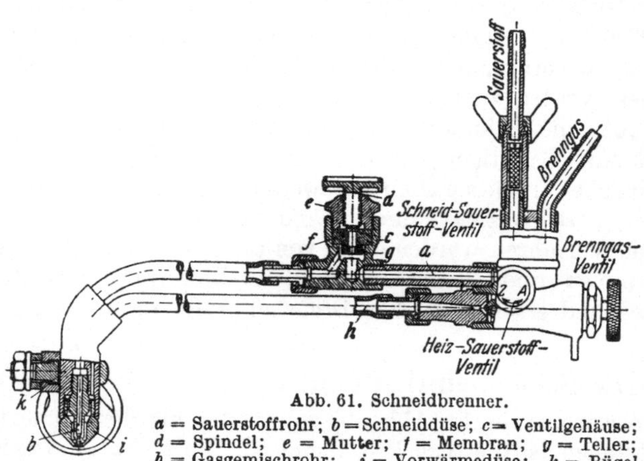

Abb. 61. Schneidbrenner.

a = Sauerstoffrohr; b = Schneiddüse; c = Ventilgehäuse; d = Spindel; e = Mutter; f = Membran; g = Teller; h = Gasgemischrohr; i = Vorwärmedüse; k = Bügel.

nungsvorgang eingeleitet, so kann die Vorwärmeflamme etwas schwächer gestellt werden. Derartige Schneidbrenner können Werkstoffdicken bis zu 300 mm durchschneiden und ergeben bei einiger Übung schmale, saubere Schnitte von nur 2 ⋯ 3 mm Breite. Für die verschiedenen Schnittdicken sind verschiedene Heizmundstücke und Schneidmundstücke einzusetzen.

Besondere Schneidbrennerkonstruktionen. Für diejenigen Fälle, in denen man die verschiedenartigsten Anforderungen an ein Schneidgerät stellt, sind Brenner konstruiert worden, mit denen man sowohl mit Wasserstoff-Sauerstoff, wie mit Azetylen-Sauerstoff **schweißen und auch schneiden** kann. Beim Zerschneiden sehr starkwandiger Stücke kommt man mit Zwei- oder Dreischlauchbrennern nicht aus, weil es dann nicht gelingt, den verbrannten Werkstoff aus der tiefen Schneidrinne genügend zu entfernen. Abhilfe wurde geschaffen durch den **Vierschlauchbrenner**, der zwei Sauerstoff- und zwei Wasserstoffzuführungsschläuche besitzt. Der zweite Wasserstoffschlauch führt nochmal besonders Wasserstoff in die Schneidrinne, der den verbrannten Werkstoff zum Schmelzen und Abfließen bringt. Für besondere Arbeiten sind den Schneidbrennern eigenartige Formen gegeben worden. Am bekanntesten sind nach dieser Richtung die **Nietkopfabbrenner** und **Nietschaftausbrenner**.

Schneidmaschinen sind eigentlich nur Schneidbrenner mit einer maschinell beweglichen, dem jeweiligen Verwendungszweck angepaßten Führung. So wurden ι. B. ausgebildet: Maschinen zum Längsschneiden, zum Kreisschneiden, zum Lochen, zum Zerschneiden von Profilstählen, Siederohren und Wellen. Abb. 62 zeigt eine Kreisschneidemaschine. Der Brenner kann sowohl um die senkrechte Säule rechts mit dem dort angebrachten Motor gedreht werden wie auch (bei kleineren Kreisen) um den Endpunkt des Auslegers in der Mitte. Der Brenner sitzt in einer verschiebbaren Stange, deren Rollenführung durch Federn auf das Arbeitsstück gedrückt wird.

Eine Universalschneidemaschine, wie sie jetzt von mehreren Firmen gebaut wird, zeigt Abb. 63. Der bewegliche

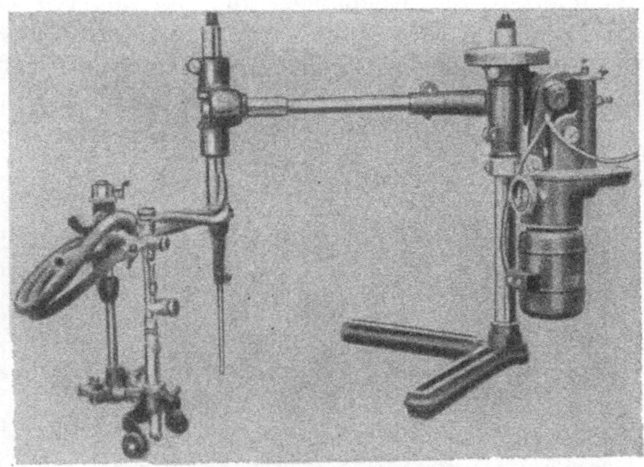

Abb. 62. Kreisschneidemaschine.

Getriebewagen a trägt rechtwinklig zu seiner Fahrrichtung einen Ausleger b mit dem ebenfalls verfahrbaren Brennerwagen c. Der Brenner d wiederum ist an einem drehbaren Arm e auf bestimmte Durchmesser einstellbar. Durch diese

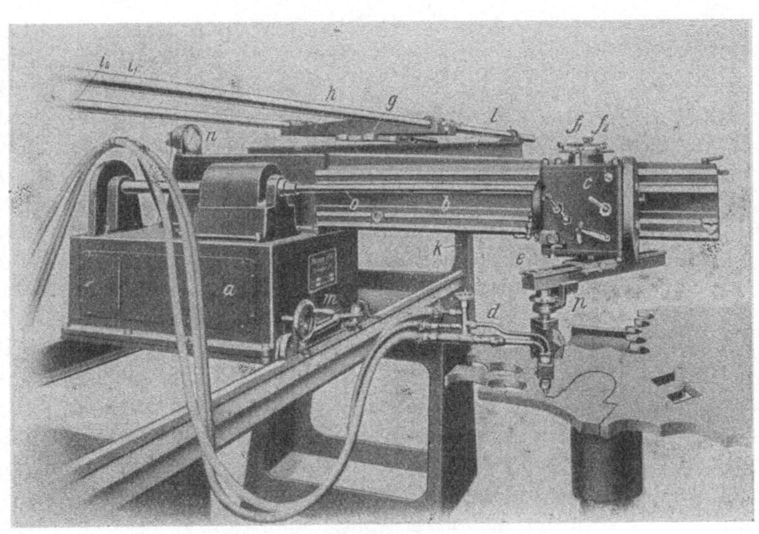

Abb. 63. Universalschneidemaschine.

a = Getriebewagen; b = Ausleger; c = Brennerwagen; d = Brenner; e = Arm; f_1 u. f_2 = Führungsrollen; g = Schablone; h = Schablonenhalter; i_1 u. i_2 = Tragstangen; k = Bock; l = Ausleger; m = Handrad; n = Tachometer; o = Teleskopwelle; p = Handrad.

drei Bewegungen lassen sich fast alle praktisch vorkommenden Schnitte ausführen. Außerdem kann noch, nach Entkuppeln des Antriebs für Längs- und Querbewegung, nach Schablone gearbeitet werden. Dann wird der Brennerwagen c durch Rolle f_1 und Gegenrolle f_2 längs einer feststehenden Schablone bewegt. Die Maschine ist größtenteils aus Silumin hergestellt und demnach sehr leicht.

B. Die Technik des Brennschneidens.

Anwendungsgebiete. Nachdem das Verfahren schon jahrelang zum Aufschmelzen der Stichlöcher und bei anderen Ausbesserungsarbeiten auf Hüttenwerken gute Dienste geleistet hatte, wurde es auch an anderen Stellen mehr und mehr eingeführt. Allgemein bekannt sein dürfte das Zerschneiden alter Brückenteile und die Anwendung bei anderen Abbrucharbeiten. Demgegenüber zeigt Abb. 64 die Verwendung des Schneidverfahrens bei neu hergestellten Maschinenteilen: Pleuelstangen und gekröpften Kurbelwellen. Bei dünnen Blechen ist das Schneiden mit der Schere bzw. Säge wirtschaftlicher als das Brennschneiden, bei dicken ist es umgekehrt, da die Schneidzeit nur langsam mit vergrößerter Blechdicke wächst. Bei einer Anwendung auf einem ganz anderen Arbeitsgebiet, dem Abschneiden der Gußtrichter von Stahlgußstükken, ist als Vorteil gegenüber dem sonst üblichen Absägen eine wesentliche (5- bis 10 fache) Zeitersparnis, der Wegfall der Beförderung zur Säge und des Verschiebens an der Säge nach Absägen jedes einzelnen Trichters anzuführen. Auch **unter Wasser** ist in neuerer Zeit mit Erfolg in Tiefen bis zu 40 m geschnitten worden. Man verwendet Preßluft, die aus dem Schneidbrenner rings um die Flamme austritt und das Wasser zurückdrängt, oder preßluftlose Brenner, bei denen Brenngas und Sauerstoff so gemischt werden, daß die äußere Schicht des Gemisches aus möglichst reinem Sauerstoff besteht. Zum Anzünden unter Wasser dient eine elektrische Zündvorrichtung. Die größten Werkstoffdicken, die bisher über Tag zerschnitten werden konnten, betragen etwa 800 mm, ausnahmsweise 1000 mm.

Abb. 64. Mit dem Schneidbrenner geschnittene Pleuelstangen und Kurbelwellen.

Die Schneidarbeit. Der Schnitt ist möglichst an einer Kante einzuleiten. Soll aber ein Stück mitten aus dem vollen Blech herausgeschnitten werden, so ist zweckmäßig zunächst ein Loch von $5\cdots10$ mm Durchmesser zu bohren und an diesem das Schneiden zu beginnen. Wird in Abb. 65 das Stück c benötigt und ist d Abfall, so wird z. B. bei e ein Loch gebohrt und an dessen äußerem Rande der Schnitt in Richtung 3 oder 4 begonnen. Wird umgekehrt das Stück d gebraucht und ist c Abfall, so kann der Schnitt bei 5 oder 6 im Abfallstück beginnen. Das Durchschneiden von unten ist nur bis etwa 50 mm Blechdicke durchführbar. Mehrere aufeinandergelegte Bleche können **nicht** mit einem Schnitt getrennt werden, da am unteren Rand des ersten Blechs wegen des Luftzwischenraums die Wärme stark abgeleitet wird. Der **Druck des Sauerstoffs** soll nicht höher als notwendig sein. Je dicker das Blech, desto höher natürlich der günstigste Druck, so daß ein 10 mm-Blech etwa 2 at, ein 50 mm-Blech etwa 4,5 at, ein 100 mm-Blech etwa 7 at und ein 200 mm-Blech etwa $9\cdots9,5$ at Druck erfordert. Die Reinheit des Sauerstoffs soll möglichst

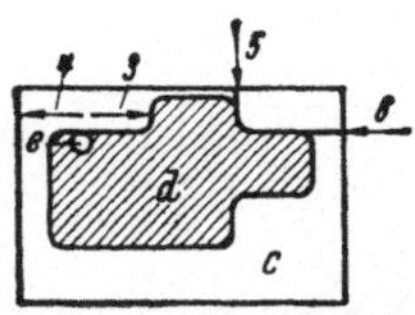

Abb. 65. Schnittbeginn innerhalb der Blechfläche. $d=$ Ausschnitt; $e=$ Bohrloch; $3\cdots6=$ Schneidrichtungen.

hoch sein (durchschnittlicher Reinheitsgrad 98%). Die Vorwärmflammen sind im allgemeinen zu groß. Abb. 66 zeigt bei *a* die durch zu starke Vorwärmeflamme hervorgerufene Kantenabschmelzung, bei *b* das Anhaften flüssigen, nicht vollständig verbrannten Stahls (oder von Schlackenansätzen). Schlackeneinschlüsse im Werkstoff führen zu einer Schnitterweiterung (bei *c* und *d*); sie können auch eine besonders starke Schlackenansammlung bewirken (*e*).

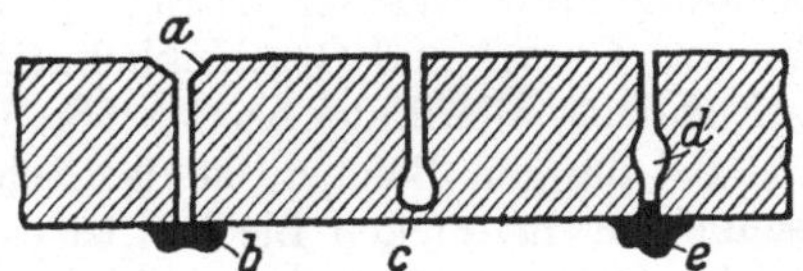

Abb. 66. Einfluß der Vorwärmeflamme und des Schneidwerkstoffs.

Heizgase. Heute wird zum Schneiden dünner und mitteldicker Werkstücke hauptsächlich Azetylen verwendet, dagegen zum Schneiden dicker Stücke und zum Unterwasserschneiden der von früher her meist gebräuchliche Wasserstoff, außerdem für Unterwasserschneiden auch Benzol und für das Blechschneiden bis etwa 150 mm Dicke auch Leuchtgas. Wasserstoff und Leuchtgas erfordern eine längere Vorheizzeit bei Schneidbeginn. Die Sauberkeit der Schnittflächen wird durch die Art des Brenngases nur insofern beeinflußt, als Leuchtgas bei kleinen Werkstoffdicken sauberere Schnitte ergibt, weil bei seiner niedrigeren Flammentemperatur die obere Schnittkante nicht so leicht anschmilzt.

Schnittränder. Die Einflußzone der Schneidflamme ist im allgemeinen geringer als 1 mm. Sie äußert sich in dieser schmalen Zone auch nur als Kornverfeinerung, hervorgerufen durch die Erhitzung und schnelle Abkühlung des Werkstoffs. Auch die öfter befürchteten Rißbildungen treten höchstens bei hochgekohlten Stählen ein infolge von Härtungsvorgängen. Der Brennschnitt, insbesondere der Maschinenschnitt ist heute hinsichtlich Sauberkeit und Gefügeveränderung der Schnittränder dem Scherenschnitt überlegen.

Schneidbarkeit der Metalle. Weicher Stahl und Stahlguß sind gut brennschneidbar. Stark behindernd wirken größere Zusätze von Chrom, Wolfram, Molybdän und Kohlenstoff, so daß schon bei Stahl mit mehr als 0,4% C eine Vorwärmung bis auf 250° (und unter Umständen nachträgliches Ausglühen) zu empfehlen ist. Hiernach lassen sich also insbesondere Gußeisen, Kupfer, Aluminium, Bronze, Weißmetall usw. nicht auf diese Weise zertrennen. Der Grund hierfür ist folgender: Die Schneidbarkeit eines Metalls hängt in erster Linie davon ab, daß die Entzündungstemperatur des Metalls (bei der es im Sauerstoffstrahl verbrennt) und der Schmelzpunkt des gebildeten Metalloxyds unterhalb der Schmelztemperatur des Metalls liegen. Trifft dies nicht zu, so wird das Metall wegschmelzen, ehe es sich entzündet hat, oder das Metalloxyd wird nicht beseitigt werden können. Bei Gußeisen z. B. liegen nun Entzündungstemperatur und Schmelzpunkt des Metalloxyds bei etwa 1350°, der Schmelzpunkt des Metalls aber bei 1200···1250°. Man kann also Gußeisen auch mit dem Schneidbrenner nur durchschmelzen, nicht zerschneiden und erhält eine breite, unsaubere Schmelzrinne. Zu diesem Durchschmelzen kann man aber auch schon den Schweißbrenner benutzen. Andererseits gelingt es, Gußeisen zu schneiden, wenn man weichen Stahl, z. B. in Form eines Rohrs, mit einschmilzt und verbrennt. Zweckmäßiger ist der Gußeisenschneidbrenner. Er besitzt in der deutschen Ausführung (Weberwerke Siegen) außer dem Ringstrahlbrenner noch zwei Vorwärmeflammen. Durch die Wirkung der drei Flammen wird das Gußeisen schneller geschmolzen als mit dem normalen Schneidbrenner. Der Gasverbrauch ist aber sehr hoch.

Gasverbrauch und Schneidzeit. Abb. 67 gibt einen Überblick über den Verbrauch an Azetylen und Sauerstoff beim Blechschneiden mit Handschneideinrichtungen und über den Zeitverbrauch bzw. die Schnittleistungen. Der Verbrauch an Wasserstoff ist etwa das Vierfache des Azetylenverbrauchs, so daß das Schneiden mit Azetylen-Sauerstoff am wirtschaftlichsten ist. Die Schnittleistung unter Wasser beträgt je nach Durchsichtigkeit des Wassers, Brennerbauart, Gasart und Geschicklichkeit des Tauchers 40···80% der des Überwasserschneidens, allerdings bei 4···6fachem Gasverbrauch.

Bei dünnen Blechen ist das Schneiden mit der Schere billiger als das Brennschneiden, bei dicken Blechen ist es umgekehrt. Beim Abschneiden der Stahlgußtrichter wird das Brennschneiden 2···5mal billiger als das Absägen mit der Kaltsäge.

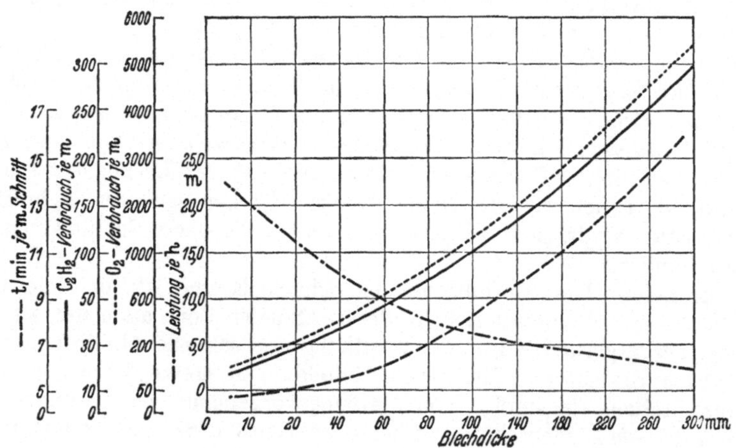

Abb. 67. Gasverbrauch in Liter und Schneidzeit beim Brennschneiden. t/min = Zeit in min; h = Stunde.

Elektrisches Schneiden. Das Schneiden mit dem Lichtbogen unter Verwendung von Kohleelektroden ist kein chemischer, sondern ein mechanischer Abschmelzvorgang, der sehr rauhe, ungleichmäßige Schnittfugen ergibt und viel unwirtschaftlicher ist als das Brennschneiden. Dagegen ist neuerdings ein brauchbares **elektrisches Unterwasserschweiß- und Schneidverfahren** entwickelt worden. Geschweißt und geschnitten wird mit Gleichstrom und dick ummantelten Elektroden. Beim Schneiden hat man bei 5 mm Blech 5 min/m, beim 10 mm-Blech 15 min/m, beim 20 mm-Blech 35 min/m Schneidzeit gebraucht.

VI. Die Güte der Gasschweißnaht und ihre Prüfung.

A. Allgemeiner Überblick.

Güte der Schweißnaht. Von der Güte der Schweißnaht hängen die Anwendung und der Anwendungsbereich der neueren Schweißverfahren in erster Linie ab. Die Güte der Schweißnaht ist wiederum abhängig: von der Güte der Schweißeinrichtungen, den Kenntnissen und der Fertigkeit des Schweißers, der Güte des Arbeitsstücks und des Zusatzwerkstoffs; sie kann, besonders bei Handschweißungen, leicht sehr unterschiedlich sein. Aufgabe der Schweißnahtprüfung ist es, den Gütegrad der Schweißnaht festzustellen, Fehler zu zeigen und damit zu Verbesserungen anzuregen.

Die Prüfung der Schweißnaht ist ohne oder mit Zerstörung der Schweißnaht möglich. Im einzelnen kommen bisher in der Hauptsache folgende Verfahren in Frage:

I. **Prüfungen ohne Zerstörung der Schweißnaht** (und ihre Anwendungsgebiete):

1. Äußerer Befund (Prüfung auf Sauberkeit, Poren, Überhitzung usw.).
2. Dichtigkeit (bei Behältern, Rohren, Gefäßen).
3. Schallprüfung (bei Behältern u. dgl., in Deutschland nicht in Anwendung).
4. Härteprüfung (für Auftragsschweißungen, auch bei Behältern usw.).
5. Elektromagnetische Prüfung (Feststellung von Rißbildungen).
6. Röntgen- und Gammastrahlen (Feststellung von Gasblasen, Schlackeneinschlüssen und Bindungsfehlern).
7. Nahtschwächende Prüfung (für Stichproben).
8. Belastungsprobe (durch Gewichte, Wasserdruck u. dgl., für fertige Bauteile).

II. **Prüfungen mit Zerstörung der Schweißnaht** (und ihre Auswertung):

1. Zugversuch (zur Prüfung der Schweiße, der Schweißverbindung und des Schweißers).
2. Werkstatt-Biegeprobe (einfachste Schweißverbindungs- und Schweißerprüfung).
3. Biege- (Falt-) Versuch (einfacher Versuch zur Prüfung der Verformungsfähigkeit von Schweißverbindungen).
4. Schmiedeprobe (Werkstoffprobe auf Schmiedbarkeit der Schweißnaht).
5. Härteprüfung (hauptsächlich für Auftragschweißungen).
6. Kerbschlagversuch (für die Schweißdrahtprüfung und für Sonderprüfungen).
7. Dauerfestigkeitsprüfung (Prüfung der Schweißverbindung).
8. Belastungsproben (Prüfung der Schweißverbindung).
9. Metallographische Prüfungen (Gefügeaufbau der Schweißverbindung und Schweiße, Art der Warmbehandlung, Risse, Einschlüsse usw.).
10. Chemische Prüfungen (Werkstoff, Schweiße, Schweißdraht, Korrosion).

Der Ausbau der Prüfverfahren unter I hat das Ziel einer allgemein brauchbaren, einfachen und dabei doch genauen Prüfung, die in der Werkstatt durchführbar ist. Die Prüfverfahren unter II dienen zur Prüfung des Schweißwerkstoffs und der Schweißer.

B. Prüfungen ohne Zerstörung der Schweißnaht.

In Ergänzung des bereits unter A Ausgeführten sei noch das Grundsätzliche über elektromagnetische und Röntgenprüfungen besprochen.

Elektromagnetische Prüfungen. Bei dem neuen **Magnetpulververfahren** schwemmt man sehr feines Eisenoxydpulver (Feilspäne) in Öl oder Benzin oder Petroleum auf und gießt das Gemisch über die Schweißstelle, den vermuteten Riß usw. Links und rechts mögen Elektromagnete stehen. Beim Vorhandensein von Poren und Rissen werden an diesen die Feilspäne angehäuft liegen und nicht gleichmäßig verteilt wie sonst. Man baut heute Geräte für Magnetfremderregung, für Wechselstromdurchflutung, vereinigte Geräte und Stoßmagnetisierungsgeräte. Das Verfahren ist für die Reihenfertigung sehr wichtig, bei Schweißungen spricht es am besten auf Rißbildungen in der Oberfläche an.

Das **magnetinduktive Verfahren** (JG.-Schweißnahtprüfer) sieht Elektromagneten und einen Taster mit Schwingspule vor, in der durch den Kraftlinienfluß der Magneten ein schwacher elektrischer Strom erzeugt wird. Dieser kann an einem Zeigergerät abgelesen werden. Er ändert sich, je nachdem ob Poren, Risse usw. vorhanden sind oder nicht. Das Verfahren hat sich nicht stärker eingeführt.

Röntgenprüfung. Werkstoffe sind durch besonders kurzwellige (harte) Röntgenstrahlen durchdringbar. Diese Strahlen bringen je nach den Hemmungen, die sie im Werkstück finden, einen Leuchtschirm mehr oder weniger stark zum Aufleuchten, bzw. sie schwärzen die photographische Platte mehr oder weniger stark. Hochspannungsumspanner erzeugen zunächst einen hochgespannten Wechselstrom von $40\,000\cdots500\,000$ V ($= 40\cdots500$ kV), der dann mit Hilfe von Glühventilröhren in Gleichstrom verwandelt wird. Je geringer das Atomgewicht des Metalls, desto größer ist die Durchdringbarkeit. So braucht man für $10\cdots50$ mm Aluminiumblech nur $50\cdots70$ kV, für 70 bis 80 mm Stahlblech aber schon 200 kV (s. auch DIN 1914). Die Prüfung ist heute schon beim Schweißen dickwandiger Behälter und im Stahlbau wirtschaftlich tragbar. Abb. 68 zeigt das Röntgenbild geschweißter Kessellängsnähte,

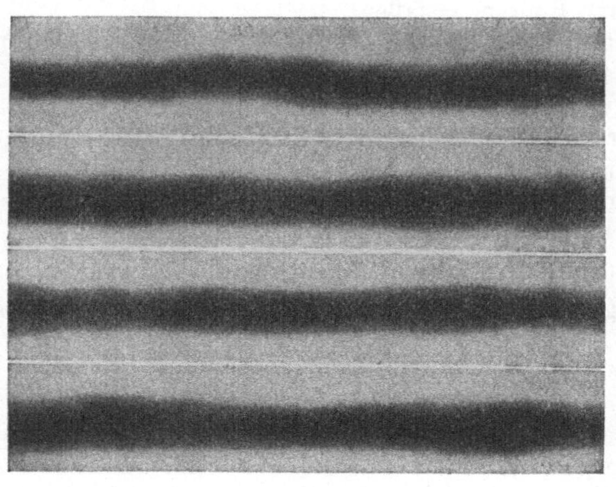

Abb. 68. Röntgenbild der Längsnaht geschweißter Kessel.

das aus vier untereinander geklebten Streifen besteht und durchweg eine sehr gute Schweißung erkennen läßt. Helle Stellen in den schwarzen Bändern würden auf Schweißfehler hinweisen.

C. Prüfungen mit Zerstörung der Schweißnaht.

1. Festigkeitsprüfungen.

Der Zugversuch soll nur die Mindestzugfestigkeit, nicht die bei Schweißnähten irreführende Dehnung angeben. Man wählt zweckmäßig als Probestab einen kurzen Flachstab nach Abb. 69 I (DÜV = Dampfkessel-Überwachungs-Verein) oder nach II (aus DIN DVM, A 120), um infolge der eingezogenen Kurzform den Bruch möglichst in der in der Mitte des Stabes gelegenen Schweißnaht zu erhalten.

Biege- oder Faltversuch. Zur rohen Beurteilung genügt schon die Biegung der Schweißprobe in einem Schraubstock,

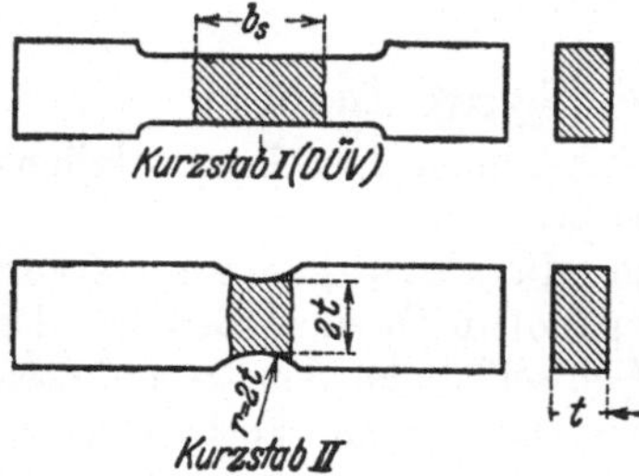

Abb. 69. Kurzstäbe für Zugversuche. b_s = Breite der Schweiße.

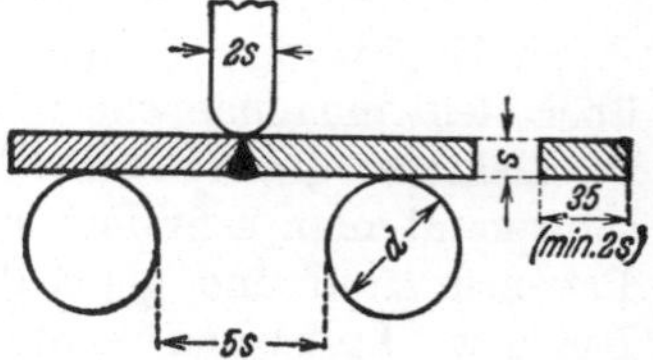

Abb. 70. Abmessungen für den Biegeversuch. s = Blechdicke; d = Rollendurchmesser.

vielleicht mit anschließendem vollständigen Aufbrechen der Schweißnaht, um das Schweißgefüge (Schlackeneinschlüsse usw.) zu erkennen. Man macht hiervon mit gutem Erfolge bei den Schweißerprüfungen Gebrauch.

Für einen Abnahmeversuch ist eine sorgfältige Prüfung in einer einfachen Biegemaschine vorzusehen, deren Grundform Abb. 70 (s. auch DIN 4100) wiedergibt. Da die Biegung der Schweißprobe schwer in die Schweißnaht zu bringen ist, ist der Biegeversuch nicht als eine wissenschaftliche scharfe Prüfung, wohl aber als ein Versuch anzusehen, der zur schnellen und werkstattmäßig hinreichend genauen technologischen Untersuchung der Schweißnaht vorläufig noch am geeignetsten ist.

Sonstige Festigkeitsprüfungen. In Frage kommen: der **Schlagbiegever-**
such, bei dem der Probestab bei freier Auflage mit einem Vorschlaghammer bis
zu einem bestimmten Winkel umgeschlagen wird, der **Kerbschlagversuch**, bei
dem ein eingespannter, mit einer Kerbe versehener Probestab mit einem Pendel-
hammer durchschlagen, der **Schlagversuch**, bei dem der Stab mit Hilfe des
Pendelhammers ruckartig zerrissen wird, der **Brinellsche Kugeldruckver-**
such, bei dem eine gehärtete Stahlkugel in die Oberfläche des Werkstücks gedrückt wird (Feststellung der Brinellhärte) und **Dauerversuche** verschiedener
Art, bei denen die Probestäbe z. B. vielfach zwischen den Auflagen geschlagen oder
vielfach unter Belastung zwischen den Auf-
lagen, in der Längsachse gedreht werden.
Für Schweißungen, die stoßweise wir-
kenden Beanspruchungen ausgesetzt sind,
kommen der Schlagbiegeversuch, der Kerbschlagversuch, der Schlagzugversuch und
die Dauerversuche in Frage.

Belastungsprobe. Üblich und vielfach
vorgeschrieben ist die Belastungsprobe
durch **Wasserdruck** bei Kesseln und Behältern. Ferner kommt bei Stahlkonstruk-
tionen und Brücken eine Belastung durch
Gewichte, Fahrzeuge usw. in Betracht.

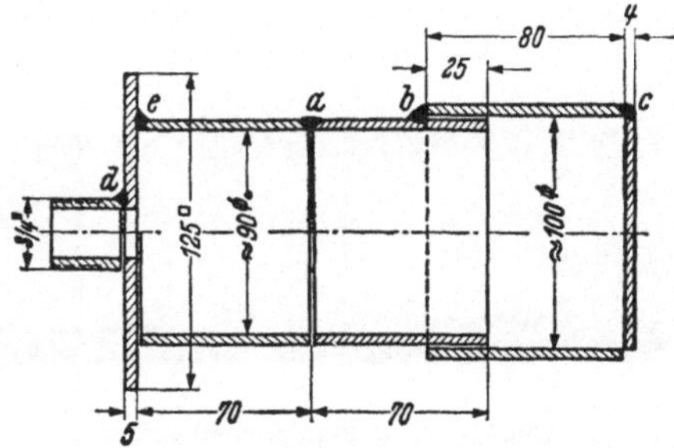

Abb. 71. Geschweißter Rohrprüfkörper.
a = Rundnaht; b = Überlappnaht; c = Ecknaht;
d und e = Kehlnaht.

Die mit der Schweißung von **Gasrohrleitungen** beschäftigten Schweißer
müssen sich der behördlich vorgeschriebenen Prüfung nach DIN 2471 unterziehen. Ein wesentlicher Bestandteil dieser Prüfung sind Rohrkörper ähnlich
dem in Abb. 71 wiedergegebenen, an denen ein
Luftdruck- oder Wasserdruckversuch vorgenommen werden kann. Bei a liegt eine Rundnaht,
bei c eine Ecknaht, bei d und e eine Keilnaht
und bei b eine Überlappnaht vor.

Abb. 72. Sehr gute Schweißung (v = 2).

2. Metallographische Prüfungen.

Prüfungen mit Hilfe von Metallschliffen werden stets die Festigkeitsprüfungen
in wirkungsvollster Weise ergänzen. Zur Kennzeichnung dessen, was man mit Hilfe
dieser Untersuchungen feststellen
kann, zeigt zunächst Abb. 72 in
halber natürlicher Größe die gute
Schweißnaht eines Blechs aus weichem Flußstahl, die zu $^1/_5$ von der
einen und zu $^4/_5$ von der anderen
Seite ausgeführt wurde. Die Güte
der Schweißung ist durch ein sehr
gleichmäßiges, poren- und schlak-
kenfreies Aussehen gekennzeichnet.
Welchen Einfluß die Verwendung
unreinen Zusatzwerkstoffs hat,
zeigt in Abb. 73 die Schlifffläche
eines 30 mm dicken, im übrigen
doppelseitig und gut geschweißten

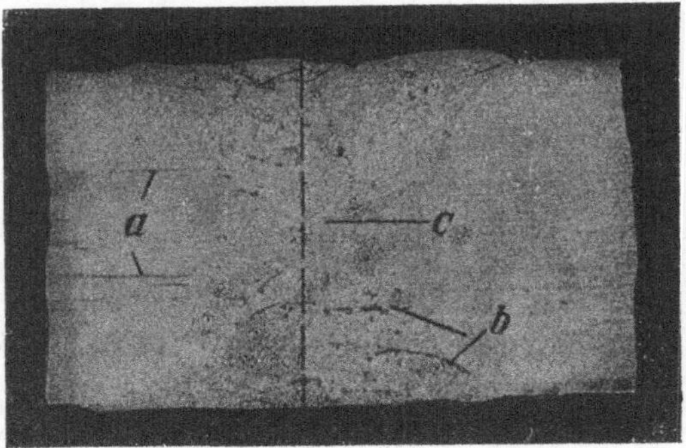

Abb. 73. Doppelseitig geschweißtes Flußstahlblech
mit Schlackeneinschlüssen (v = 1).

Blechs aus weichem Flußstahl. Umfangreiche Schlackeneinschlüsse sind an verschiedenen Stellen der Naht, besonders bei b eingelagert und beeinträchtigen

die Festigkeit der Nahtstelle. Bei *a* zeigen sich Schwefelausseigerungen im Blech; bei *c* treffen die beiderseitigen ersten Schweißlagen zusammen. In Abb. 74 haben wir eine ausgesprochen schlechte Schweißung vor uns. Bei *b* ist nicht durchgeschweißt. Oberhalb dieser Fuge wurde zuerst mit Gasüberschuß (dunkle Färbung), dann mit Sauerstoffüberschuß (helle Färbung) geschweißt. Im obersten Teil der Naht machen sich schon Anzeichen von Überhitzung bemerkbar. Abb. 75 gibt schließlich das Schliffbild einer Aluminiumblechschweißung, eine feinkörnige Schweiße, die mit einem titanlegierten Draht ohne Vergütung erreicht wurde.

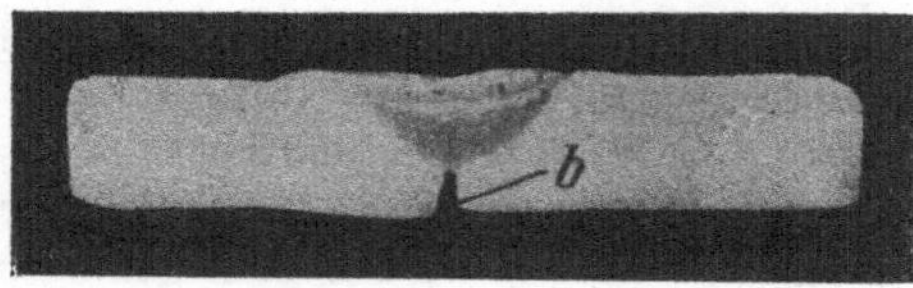

Abb. 74. Schlecht geschweißtes Flußstahlblech.
b = nicht durchgeschweißt.

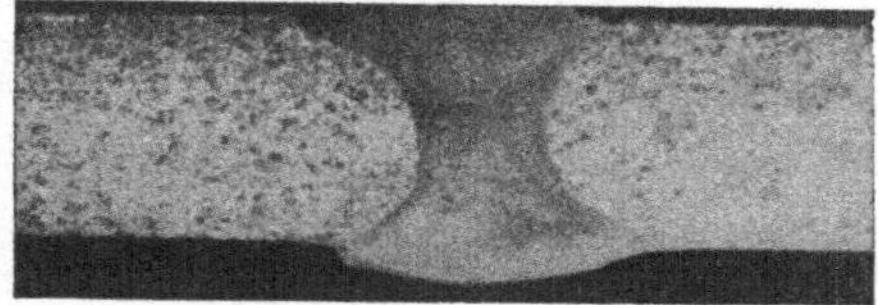

Abb. 75. Aluminiumblechschweißung.

3. Chemische Prüfungen.

Schweißdraht. Nicht die chemische Analyse allein ist, wie schon früher erwähnt, maßgebend für die Güte des Drahts, sondern auch das Probeschweißen. So zeigte z. B. eine Schweißung mit einem Draht von 0,01 % P und 0,03 % S schlechtere Festigkeitseigenschaften als eine andere mit einem Draht von 0,082 % P und 0,054 % S. Immerhin hat sich das Vorschreiben eines niedrigen P- und S-Gehalts (unter 0,03 %) bewährt. Im übrigen sei auf die „Bedingungen für die Lieferung und Abnahme von Zusatzwerkstoffen für die Gas- und Lichtbogenschweißung von Stahl", auf DIN Vornorm 1913 und auf die früheren textlichen Hinweise über Zusätze von Legierungsbestandteilen verwiesen.

Schweiße. Nach neueren Versuchen nehmen der Kohlenstoff-, der Silizium- und der Mangangehalt des Schweißdrahts beim Übergang in die Schweiße infolge von Verbrennungsvorgängen ab. Der Phosphor- und der Schwefelgehalt bleiben nahezu unverändert. Der Sauerstoff- und Stickstoffgehalt der Schweiße nehmen aber, infolge von Sauerstoff- und Stickstoffaufnahme aus der Luft, wesentlich zu, allerdings lange nicht in dem Maße wie bei der Lichtbogenschweißung mit nackten und getauchten Elektroden.

Korrosionsversuche. Untersuchungen an Nichteisenmetallen ergaben im allgemeinen bei der Schweiße die gleiche Korrosionsbeständigkeit wie beim Grundwerkstoff. Bei Aluminium wirken etwaige auf der Schweißnaht zurückbleibende Flußmittelreste korrosionsfördernd. Ein feineres Korn der Schweiße ergibt eine größere Korrosionsbeständigkeit als ein grobes. Bei rostfreien Stählen höheren Kohlenstoffgehalts kann durch Karbidausscheidung an den Korngrenzen Korrosion auftreten, die sich am besten durch Erniedrigung des Kohlenstoffgehalts und Zusatz von Titan, Tantal oder Niob beseitigen läßt. Der Stand der Normung auf dem Korrosionsgebiet ist zur Zeit durch die Normblätter DIN 4850···4853 gegeben.

VII. Leistungen und Kosten der Gasschweißung.

Handschweißung. Abb. 76 enthält, abhängig von der Blechdicke in mm, zunächst Werte für Blechschweißungen nach früheren Versuchen des Verfassers, wobei die Kurve für die stündliche Leistung zunächst für geübte Schweißer bei kürzerer Schweißzeit galt, heute aber, insbesondere nach Einführung der Nachrechtsschweißung, schon bei Durchschnittsleistungen eingehalten wird. Für eine Tagesleistung sind nach den Unterlagen aus der Praxis noch Zuschläge von $50 \cdots 100\%$ (mit steigender Blechdicke ansteigend) zu der Leistungskurve zu machen.

Überschlagsrechnungen mit Hilfe von Kennziffern. Auf Grund von Messungen in Schweißereien und Versuchsbetrieben hat man festgestellt, daß insbesondere für den Blechdickenbereich von $2 \cdots 12$ mm eine Schweißer-Kennziffer besteht, die man je nach dem Typ des schnellen, mittleren und langsamen Schweißers und auch je nach dem angewendeten Schweißverfahren (Nachlinks-, Nachrechtsschweißung, Mehrflammenschweißung) höher oder niedriger anzusetzen hat. Im Durchschnitt beträgt diese Kennziffer bei

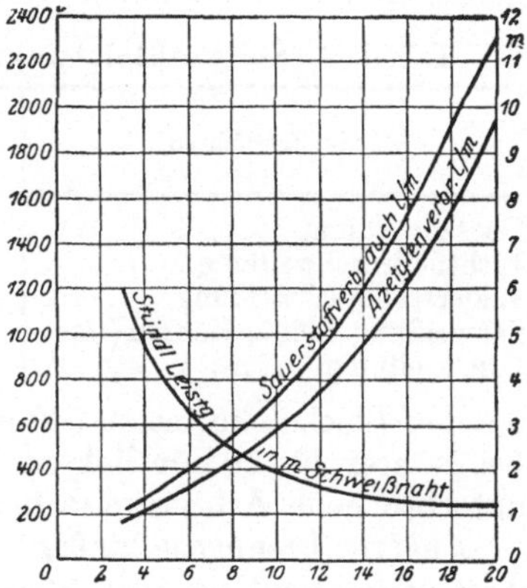

	Nachlinks-schweißung	Nachrechts-schweißung
Schneller Schweißer	15	18,5
Mittlerer Schweißer	12	15
Langsamer Schweißer	10	12,5

Die Kennziffer kommt dadurch zustande, daß man die Blechdicke in mm mit der Schweißgeschwindigkeit in m/h multipliziert. Es besteht also die einfache Beziehung:

Schweißerkennziffer = Schweißgeschwindigkeit (in m/h) $\times$ Blechdicke (in mm).

Abb. 76. Sauerstoff- und Azetylenverbrauch.

Beispielsweise erreicht hiernach ein schneller Schweißer, wenn er nachrechtsschweißt, beim 10 mm-Blech: $18,5 : 10 = 1,85$ m/h. Ein mittlerer Schweißer erzielt, wenn er nachlinksschweißt, bei 3 mm-Blech: $12 : 3 = 4$ m/h. Diese Überschlagsrechnungen stimmen übrigens mit den Kurven der Abb. 76 gut überein.

Man kann auch eine **Azetylenkennziffer** festlegen, indem man die Beziehung aufstellt:

Azetylenverbrauch (in l/m) = Azetylenkennziffer $\times$ Blechdicke (in mm²).

Im Durchschnitt beträgt diese Azetylenkennziffer bei

	Nachlinksschweißung	Nachrechtsschweißung
Schneller Schweißer	6,7	5,4
Mittlerer Schweißer	8,3	6,7
Langsamer Schweißer	10,0	8,0

Beispielsweise beträgt der Azetylenverbrauch bei einem schnellen Schweißer, wenn er ein 10 mm-Blech nachrechtsschweißt: $5,4 \times 10^2 = 540$ l/m, bei einem mittleren Schweißer: $6,7 \times 10^2 = 670$ l/m, was wiederum gut mit der Azetylenverbrauchskurve in Abb. 76 übereinstimmt.

Der **Sauerstoffverbrauch** ist bei Gleichdruckbrennern dem Azetylenverbrauch gleichzusetzen; bei Injektorbrennern ist er um $10 \cdots 20\%$ höher als der Azetylenverbrauch anzunehmen (wie in Abb. 76).

Schließlich läßt sich auch noch eine **Drahtkennziffer** aufstellen nach der Beziehung:

Drahtverbrauch (in g/m) = Drahtkennziffer $\times$ Blechdicke (in mm²).

Die Drahtkennziffer ist naturgemäß in der Hauptsache von dem Abschrägungswinkel der Schweißnaht abhängig und beträgt im Durchschnitt:

Abschrägungswinkel	Drahtkennziffer für Stahlblech
$90°$	10
$80°$	9
$70°$	8
$60°$	7

Beispielsweise wird der Drahtverbrauch für ein 10 mm-Blech bei 70° Abschrägungswinkel betragen: $8 \times 10^2 = 800$ g/m $= 0,8$ kg/m.

Maschinenschweißung. Die vorgenannten Werte für die Gasschweißung gelten sämtlich für Handbetrieb. Bei dem allerdings nur für Massenfertigung anwendbaren Maschinenbetrieb kommt man heute nach Tabelle 2 auf wesentlich höhere Werte (sämtliche Nebenzeiten eingeschlossen). Die reinen Schweißgeschwindigkeiten sind noch viel höher, z. B. bei Widerstands- (Naht-) Schweißmaschinen und

Tabelle 2. Schweißleistungen von Längsnahtschweißmaschinen in m/h.

Schweißverfahren	Blechdicke in mm						
	0,5	1,0	1,5	2	3	4	5
Gasschweißung	30	20	15	12	10	9	8
Lichtbogenschweißung	—	45	32	24	18	15	12
Widerstandsschweißung	120	100	60	—	—	—	—
Schweißung kleiner Röhren (Gasschweißung)	—	230	200	150	70	30	12

0,5 mm Blechdicke bis zu 540 m/h $= 9$ m/min. Die Rohrschweißmaschine kommt bei Röhren bis 90 mm lichter Weite auf so günstige Werte, weil sie eine fast ununterbrochene Arbeitsweise hat.

Andere Brenngase außer Azetylen. Die wirtschaftliche Überlegenheit der Azetylenschweißung gegenüber dem Schweißen mit Wasserstoff, Benzol usw. ist bekannt. Auch das Schweißen mit einem Leuchtgaszusatz zum Azetylen bringt, wie auf Grund von Versuchen nachgewiesen ist, keine wirtschaftlichen Vorteile. Ein merklicher Leuchtgaszusatz zum Azetylen setzt die Schweißgeschwindigkeit erheblich herab.

Versuchswerte von Nichteisenmetallschweißungen. In Abb. 77 sind die normalen Schweißgeschwindigkeiten für Kupfer- und Aluminiumbleche in den Kurven a und b angegeben. Werden die Nähte gehämmert, so sind die Schweißzeiten um etwa 50% höher anzusetzen. Die Schweißgeschwindigkeiten für Zinkbleche (mit dem Azetylen-Sauerstoff-Brenner) betragen etwa 15 m/h beim 1 mm-Blech, 10,5 m/h beim 2 mm-Blech und 7,5 m/h beim 3 mm-Blech. Bei der Zinkschweißung mit Azetylen-Luftbrennern erreicht man nur 50···60% dieser Werte.

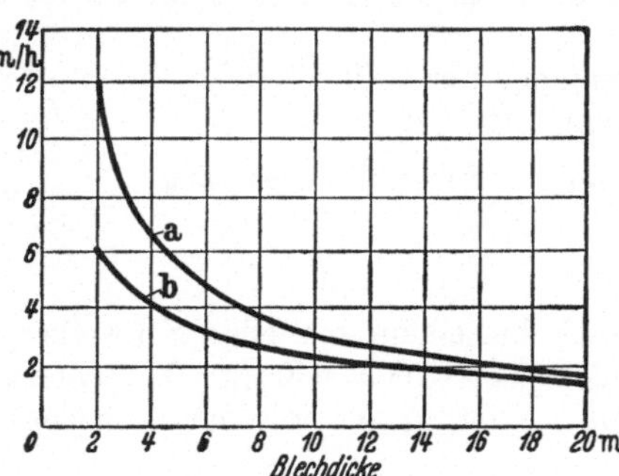

Abb. 77. Schweißgeschwindigkeiten bei Kupferblech (a) und Aluminiumblech (b).

Schweißkostenaufstellung für den Einzelfall. Das Beispiel bezieht sich auf die reine Schweißarbeit. Die Vorbereitungskosten sind weggelassen, da sie nicht so einheitlich wie die Schweißung selbst behandelt werden können. Aufzustellen sind die Kosten an Gasen für die Gasschweißung bzw. an elektrischem Strom, an Schweißdraht (Elektroden), an Lohn und an allgemeinen Werkstattunkosten; die letzteren werden als Prozentsatz der Löhne in den Werkstätten festgelegt. Die Kosten für Verzinsung, Abschreibung und Instandhaltung des Anlagekapitals sind, umgerechnet auf die Arbeitsstunde oder auf 1 m Schweißnaht, bei der Gasschweißung verhältnismäßig unbedeutend. Rechnet man als Gesamtkosten eines Schweißplatzes mit Entwickler 350 RM, so ergeben sich bei 6% Zinsen, 15% Abschreibung und 5% Instandhaltungskosten rund 90 RM Jahreskosten oder für 1 m Schweißdraht $= 0,18$ RM (bei 500 m Jahresleistung) bzw. 0,036 RM (bei

2500 m Jahresleistung). Der Gleichstromumformer erfordert dagegen bei 1800 RM Anschaffungskosten einschließlich Einrichtung der Schweißstelle und Netzanschluß und bei 6% Zinsen, 15% Abschreibung und 5% Instandhaltungskosten rund 470 RM Jahreskosten oder für 1 m Schweißnaht 0,94 RM bzw. 0,19 RM. Es seien nun zunächst die Kosten von 1 m Naht eines 10 mm-Blechs ausgerechnet und eine ungünstige Ausnutzung der Anlage mit 500 m Jahresleistung (gleichzeitig auch mehr dem Kleinbetrieb entsprechend) einer günstigen Ausnutzung mit 2500 m Jahresleistung und vorteilhaften Gas- bzw. Strompreisen gegenübergestellt. Für den günstigeren Fall (gleichzeitig Großbetrieb) sind auch sinngemäß Schweißdrahtkosten und Lohn etwas niedriger angesetzt. Um die bei gleichem nacktem Draht besseren technologischen Ergebnisse der Gasschweißnaht etwas zu berücksichtigen, ist rechts in der ersten Reihe für 500 m Jahresleistung die teurere umhüllte Elektrode in die Rechnung eingeführt worden (Tabelle 3).

Tabelle 3. Kosten einer Gas- bzw. Lichtbogenschweißung.

1 m Schweißnaht (V-Naht), 10 mm-Blech (Handschweißung)						
Gasschweißung	500 m Klein- betrieb RM	2500 m Groß- betrieb RM	Elektrische Lichtbogenschweißung	500 m 20 Rpf RM	500 m 20 Rpf RM	2500 m 4 Rpf RM
Sauerstoff 0,7 m³ (0,70 bzw. 0,20 RM/m³)	0,49	0,14	Stromverbrauch 4 kWh	0,80	0,80	0,16
Azetylen 0,6 m³ (1,00 bzw. 0,90 RM/m³)	0,60	0,54	Kapitaldienstkosten (470 RM im Jahr) .	0,94	0,94	0,19
			Elektroden 0,8 kg . .	0,64	0,32	0,28
Kapitaldienst (90 RM je Jahr)	0,18	0,04	Lohn $^1/_2$ Stunde . . .	0,60	0,60	0,50
Schweißdraht 0,8 kg . . .	0,32	0,28	Allgemeine Unkosten) (125 % vom Lohn) .	0,75	0,75	0,63
Lohn $^1/_2$ Stunde	0,60	0,50				
Allgemeine Unkosten . . .	0,75	0,63				
Gesamtkosten	2,94	2,13	Gesamtkosten	3,73	3,41	1,76

Das durchgerechnete Beispiel soll zunächst den Aufbau einer einfachen Schweißkostenaufstellung zeigen. Darüber hinaus erkennt man aber schon deutlich, wie verschieden die Gesamtkosten je nach den Grundpreisen der Rohstoffe und je nach dem Ausnutzungsgrad der Schweißanlage sein können. Insbesondere für die Lichtbogenschweißung findet man eine starke Abhängigkeit der Gesamtkosten von dem Ausnutzungsgrad (Beschäftigungsgrad). Hinsichtlich der Lichtbogenschweißung sei noch hinzugefügt, daß eine Kostenaufstellung für Wechselstromschweißung keinerlei wesentliche Unterschiede in den Gesamtkosten ergeben würde.

Geschweißt oder genietet. Bei normalen Blechschweißungen wurde schon vor längerer Zeit festgestellt, daß die Schweißung bei Blechen bis etwa 10 mm Dicke nur halb so teuer ist wie die Nietung und auch bei dickeren Blechen immer noch billiger bleibt. Die Gewichtsersparnis durch Schweißen bei deutschen Kriegsschiffen wird zu 18 ··· 25% angegeben. Ein geschweißter 70 t-Eisenbahnwagen wiegt nur 27,4 t, d. h. nicht mehr als ein 50 t-Wagen der genieteten Ausführung.

Geschweißt oder gegossen. Bei Einzelherstellung ist das Werkstück geschweißt bestimmt billiger herzustellen, da die verhältnismäßig hohen Modellkosten fortfallen. Ferner ist die Ausschußgefahr beim Schweißen praktisch beseitigt. Die Verwendung des hinsichtlich Festigkeit hochwertigeren Stahls bringt auch bedeutende Gewichtsersparnisse. Schließlich läßt sich auch bei geeigneter Bauweise der geschweißten Stahlkonstruktion dieselbe Dämpfungsfähigkeit (gegenüber Schwingungen) wie bei Gußeisen erreichen. Alles in allem kann aber die Frage

„Schweißen oder Gießen" nicht allgemeingültig, sondern nur von Fall zu Fall entschieden werden.

Ausbesserungsschweißungen. Aus einer sehr großen Zahl von Ausbesserungsschweißungen (auf Hüttenwerken) sind in Tabelle 4 einige kennzeichnende Beispiele wiedergegeben, die einmal die verschiedensten Gewichtsverhältnisse (u. a. auch besonders große Schweißungen) und sodann vor allem den großen wirtschaftlichen Vorteil der Schweißung als Ausbesserungsmittel zeigen. Außerdem ist noch hervorzuheben, daß der Wert der

Tabelle 4. Ausbesserungsschweißungen.

Gegenstand	Gewicht kg	Neuwert RM	Gesamt-Schweißkosten RM
Steuerbock	47	28	15
Lagerbock	175	105	18
Kammwalze. . . .	620	560	141
Zylinderdeckel . .	2970	1930	210
Walzenständer. . .	17000	6120	1734

Schweißung bei diesen Ausbesserungen nicht nur in der Kostenersparnis am Arbeitsstück durch Vermeidung der Anschaffung eines neuen Stücks, sondern vor allem auch in derjenigen Zeitersparnis bzw. Kostenersparnis liegt, die durch schnellere Wiederinbetriebsetzung der betreffenden Maschinen usw. erzielt wird.

VIII. Schweißtechnische Ausbildung.

Schweißerlehrgänge. Die „Richtlinien für Schweißlehrgänge", erstmalig 1928 vom Verfasser für den Fachausschuß für Schweißtechnik im VDI und für den Deutschen Verband für Schweißtechnik und Azetylen (DVSA) aufgestellt, wurden 1936 unter Hinzutritt der Deutschen Gesellschaft für Elektroschweißung (DGE) und der DAF neu bearbeitet und 1940 nochmals in umgearbeiteter Form herausgegeben. Sie umfassen einen Grundlehrgang mit 44 Wochenstunden, einen ersten Aufbaulehrgang mit 88 und einen zweiten Aufbaulehrgang mit ebenfalls 88 Wochenstunden. Nach Besuch des dritten Lehrgangs oder einer ausreichenden praktischen Tätigkeit als Schweißer kann sich der Lehrgangsteilnehmer oder Schweißer einer Prüfung, getrennt für Gas- und Elektroschweißung, unterziehen, deren Durchführung den von der Arbeitsgemeinschaft für Schweißerausbildung berufenen Prüfungsausschüssen (in allen größeren Städten des Deutschen Reiches) übertragen ist.

Sonderlehrgänge wurden u. a. 1937 und 1938 vom DVSA für Rohrschweißer und für Leichtmetallschweißer durchgeführt. Hierher gehört auch die bereits früher erwähnte „Prüfung von Rohrschweißern nach DIN 2471". Das Reichsbahnzentralamt veröffentlichte 1938 „Vorläufige Vorschriften für die Prüfung und Ausbildung von Schweißfachingenieuren und Schweißern für Privatbahnbetriebe" mit einer Ausbildungsdauer von 4 Wochen für Schweißfachingenieure und 3 bzw. 6···8 Wochen für Schweißer. Ferner sind 1938 vom Reichswirtschaftsministerium „Richtlinien für die Ausbildung und Prüfung von Kesselschweißern" erlassen worden. Im Jahre 1939 brachte der DVSA einen Lehrgang für das Gasschweißen von Landmaschinenteilen und einen Sonderlehrgang für Zinkschweißen heraus.

Die praktische Durchführung aller Lehrgänge ist einerseits vom DVSA, der DGE und DAF und andrerseits von der Deutschen Reichsbahn und der Industrie sichergestellt worden. Der DVSA prüft seit 1928 seine Lehrschweißer in besonderen Prüfungen. Die in den Jahren 1927···1930 gegründeten Großlehrwerkstätten (schweißtechnischen Lehr- und Versuchsanstalten) des DVSA in Berlin, Duisburg, Halle, dazu seit 1943 Hamburg, sind in erster Linie dazu da, die Prüfung der

Lehrschweißer, die umfangreichen Schweißlehrgänge von 220 und mehr Stunden Dauer und die vorerwähnten Sonderlehrgänge durchzuführen.

Lehrlings-, Gesellen- und Meisterausbildung. Die ersten Lehrlinge wurden in großen Industriewerken und bei der Reichsbahn ausgebildet und haben etwa 1927 ihre Gesellenprüfung abgelegt. Inzwischen hat das Reichsinstitut für Berufsausbildung in Handel und Gewerbe (früher: Deutscher Ausschuß für technisches Schulwesen) in Zusammenarbeit mit der Reichsgruppe Industrie und den schweißtechnischen Fachverbänden das Berufsbild, die Prüfungsanforderungen und den Berufsbildungsplan für den Lehrberuf Schmelzschweißer (auch für den Schmelzschweißer-Lehrmeister) erarbeitet, sowie das Entsprechende für den Anlernberuf Gasschweißer und Lichtbogenschweißer, für den nur $1^1/_2$ Jahre Ausbildungszeit vorgesehen sind. Der Lehrberuf Schmelzschweißer, der am 11. November 1936 als industrieller Lehrberuf anerkannt worden ist, sieht eine Lehrzeit von drei Jahren vor. Daneben hat der Reichswirtschaftsminister durch Erlaß vom 1. Dezember 1941 das Schweißen als selbständigen Handwerksberuf anerkannt. Die „Fachlichen Vorschriften für die Meisterprüfung im Schweißerhandwerk" sind veröffentlicht.

Ingenieurausbildung. Sie muß schon auf den technischen Hoch- und Fachschulen einsetzen und ist nur für den Sonderfall der Schweißfachingenieure durch entsprechende Lehrgänge zu ergänzen. Derartige Lehrgänge werden für den nach DIN 4100 und 4101 (Schweißung im Stahl- und Brückenbau), ferner im Dampfkesselbau und im Fahrzeugbau bei der Reichsbahn vorgesehenen Schweißfachingenieur an den bereits erwähnten Großlehrwerkstätten regelmäßig durchgeführt.

Wichtige DIN-Normen.

1901$\cdots$1903 und 1908 Schläuche für Schweißbrenner und Schlauchtüllen.

1904 und 1905 Schweiß- und Schneidbrenner.

1906, 1907 und 1909 Gasdruckminderer, Manometer, Anschlußbügel.

1910$\cdots$1912 Begriffe und Zeichen.

1913 (Vornorm) Schweißdraht für Gas- und Lichtbogenschweißung von Stahl.

1914 Richtlinien für die Prüfung von Schweißverbindungen mit Röntgen- und Gammastrahlen.

2470 Richtlinien für Gasrohrleitungen mit geschweißten Verbindungen von mehr als 200 mm Durchmesser und mehr als 1 kg/cm^2 Betriebsüberdruck.

2471 (Entwurf) Richtlinien für die Prüfung von Rohrschweißern.

4100 Vorschriften für geschweißte Stahlhochbauten.

4101 Vorschriften für geschweißte vollwandige stählerne Straßenbrücken.

4664$\cdots$4672 Stahlflaschen und Zubehör.

Schweißtechnik im Stahlbau. Bearbeitet von G. Bierett, E. Diepschlag, K. Klöppel, A. Matting, C. Stieler. Herausgegeben von Dr.-Ing. **K. Klöppel,** o. Prof. an der Technischen Hochschule Darmstadt, und Dr.-Ing. **C. Stieler,** Wittenberge. Erster Band: **Allgemeines.** Mit 216 Textabbildungen. X, 191 Seiten. 1939. DMark 15.—

Das Schweißen der Leichtmetalle. Von **T. Ricken.** (Werkstattbücher für Betriebsbeamte, Konstrukteure und Facharbeiter. Herausgeber: H. Haake. Heft 85). Zweite Auflage. Mit etwa 156 Abbildungen. Etwa 64 Seiten. (In Vorbereitung). DMark 3.60

Praktische Regeln für den Elektroschweißer. Anleitungen und Winke aus der Praxis für die Praxis. Von **R. Hesse.** (Werkstattbücher für Betriebsbeamte, Konstrukteure und Facharbeiter. Herausgeber: H. Haake. Heft 74). Dritte Auflage. Mit 120 Abbildungen im Text. 56 Seiten. (In Vorbereitung). DMark 3.60

Die Blechabwicklungen. Eine Sammlung praktischer Verfahren, zusammengestellt von Ing. **Johann Jaschke.** Fünfzehnte Auflage. Mit 326 Abbildungen im Text und auf einer Tafel. IV, 100 Seiten. 1949. DMark 4.80

Praktische Stanzerei. Ein Buch für Betrieb und Büro mit Aufgaben und Lösungen. Von **Eugen Kaczmarek,** Dozent an der Ingenieurschule Gauß, Berlin. Dritte, erweiterte und verbesserte Auflage.

Erster Band: **Schneiden und Stanzen mit den dazugehörenden Werkzeugen und Maschinen.** Mit 209 Textabbildungen. VIII, 176 Seiten. DMark 13.50

Zweiter Band: **Ziehen, Hohlstanzen, Pressen, automatische Zuführ-Vorrichtungen.** Mit 175 Textabbildungen. VII, 165 Seiten. DMark 13.50

Klingelnberg, Technisches Hilfsbuch. Herausgegeben von Baurat Dipl.-Ing. **Ernst Preger †,** Frankfurt a. M., und Dipl.-Ing. **Rudolf Reindl,** Jena. Zwölfte, überarbeitete Auflage von Schuchardt & Schüttes Technisches Hilfsbuch. Mit zahlreichen Abbildungen und Zahlentafeln. VIII, 762 Seiten. 1944. DMark 15.—

Werkstattstechnik und Maschinenbau. Zeitschrift für Fertigung im Maschinenbau, Apparatebau und Feinmechanik, Organ der Arbeitsgemeinschaft Deutscher Betriebsingenieure im VDI. Herausgeber: Professor Dr. **O. Kienzle.** Monatlich ein Heft im Umfang von 32 Seiten DIN A 4. 39. Jahrgang. 1949. Halbjährlich (6 Hefte) DMark 10.—